数学への招待

ガロアの数学
「体」入門

魔円陣と
オイラー方陣を例に

小林吹代 —著

技術評論社

はじめに

　ガロアときたら、何をおいても「ガロア理論」ですよね。でもガロア理論だけが、「ガロアの数学」のすべてではないのです。じつはガロアはパズルの達人だった……、という話は聞いたこともありませんが、パズルの中に「ガロアの数学」が威力を発揮するものがあることは事実です。
「ガロアの数学」を用いることで、「魔方陣」「ラテン方陣」「オイラー方陣」「魔円陣」などが作られます。

　たとえば「4×4の魔方陣」を、何も見ないで自力で作ることが出来ますか。「1、2、3、……、16」を、縦・横・対角線の和がすべて等しくなるように正方形に並べるのです。

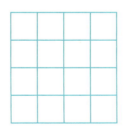

　正直いって、かなり難しいですよね。運がよければ、試行錯誤で見つかるかもしれません。歴史的にも、「ガロアの数学」が登場するずっと以前から、古今東西で作られてきました。
「魔方陣」なんて、しょせんパズルの類だと思っていませんか。不見識な私は、じつは頭からそう信じ込んでいました。たまたま

解けたり、せいぜい攻略法を見つけたりしても、それのどこが面白いのでしょうか。「へぇ」という一種の驚きというか、感動がわき起こりそうにもありません。

　そんな考えが根底からくつがえされたのは、とある雑誌の記事を目にしたときです。ちなみにその『魔円陣と有限幾何』という記事は、ネット上に公開されていて、いつでも見ることができます。（参考文献［5］参照）

　記事では、パズルのルールに当たる「魔円陣」の説明（p12参照）の後、次のように続いていました。

「先を読む前に、この程度の大きさの魔円陣を自力でいろいろ作ってみることを勧めたい。手でやってみれば大きさ3、4、5、6ぐらいは作れる（かもしれない）」（参考文献［5］より引用）

　この記事には、ガロアが出した魔円陣の問題が難しくて不興をかったのが決闘の一因、という「出所不明のうわさ話」まで載っていました。

　決闘の真相はさておき、この「（かもしれない）」の挑発的な一言が心に刺さりました。確かに大きさ「3、4」は、（手で）すぐに作れました。大きさ「5」はすでに紹介されていたこともあり、次は大きさ「6」に（手で）チャレンジです。その結果は……。5通りもあるのに、たった1通りさえ見つけられなかったのです。（もちろん、パズルに思い入れがない私の場合です。）

　とりあえず大きさ「6」の魔円陣を知りたくて、ページをめく

りました。でも（挑発しておきながら）、答は載っていないのです。こうなったら、記事を読み進めるしかないですよね。（あくまでも、この段階で数学的背景に思い至らなかった私の場合です。）

　おかげで「へぇ」という貴重な体験が出来ました。何とそれは、「射影平面では、どんな2直線も1点だけで交わる」ことを利用するものだったのです。もちろん、ただの射影平面ではありません。ガロアが発見した「有限体」上の射影平面です。まさか、こんな所（パズル）で、こんなこと（「ガロアの数学」）に出会うなんて……。

　こうなると、「魔方陣」の方も気になってくるというものです。すると、またしても「へぇ」の体験です。魔方陣と関連しているオイラー方陣は、「（平面上の）平行でない2直線は1点だけで交わる」ことを利用するのです。

「魔方陣」と「魔円陣」。字面は似ているけれど、その中身は全く別物です。それなのにその解法に、別々の幾何を通してですが、ともに「ガロアの数学」（有限体）が使われるなんて……。事実は小説より奇なり、というのはこのことでしょうか。

2018年5月

小林吹代

[追記]　本書では、いくつもの「有限体」を具体的に作っていきますが、（忘れた頃になって）再登場します。この他にも相互に関連する事項が多くあります。そこで「どうだったかな。本当かな。答えだけ先に知りたいな。」と思われる読者のために、参照ページ（p ○○参照）を記しました。気にせずに読み進み、必要なときに参照してください。気軽に楽しんで頂けたら幸いです。

CONTENTS

はじめに ……………………………………………………………… 3

序章 「ガロアの体」と「出所不明のうわさ話」 …… 9

第1章 魔方陣と n 進法 …………………………… 23

1 魔方陣の歴史 ……………………………………………… 24

2 魔方陣の作成法 …………………………………………… 31

コラムⅠ インドの魔方陣 ……………………………… 54

コラムⅡ 九星術 ………………………………………… 56

第2章 ラテン方陣とオイラー方陣 …………… 57

3 ラテン方陣 ………………………………………………… 58

4 オイラー方陣 ……………………………………………… 71

コラムⅢ トランプでオイラー方陣 ………………… 90

第3章 オイラー方陣と有限幾何 ……………… 93

5 2直線の交点 ……………………………………………… 94

6 4次のオイラー方陣 ……………………………………… 104

コラムⅣ 4×4の魔方陣 ……………………………… 114

7 8次のオイラー方陣 ……………………………………… 118

コラムⅤ 8×8の魔方陣 ……………………………… 133

CONTENTS

第4章　魔円陣と射影平面　135

8　魔円陣と射影平面　136

9　大きさ3の魔円陣　150

10　大きさ4の魔円陣　160

11　大きさ6の魔円陣　170

12　大きさ5の魔円陣　186

コラムⅥ　大きさ18の魔円陣　195

第5章　（続）魔円陣　197

13　鏡に映した関係にある魔円陣　198

14　大きさ (p^m+1) の魔円陣　220

コラムⅦ　（続）大きさ18の魔円陣　225

付録　有限体　229

索引　252

参考文献　255

7

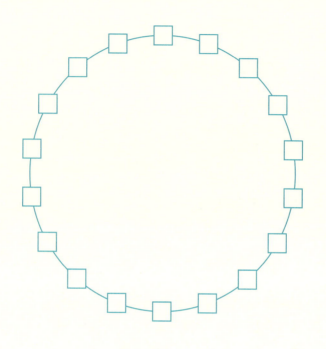

この図は、じつは……
次ページの問題と関連あり！

序章
「ガロアの体」と「出所不明のうわさ話」

円状に等間隔に植えられた 307 本の木から、18 本を選んでね。ただし時計回りに計った間隔が、どの 2 本の木でも異なるようにするのだよ。

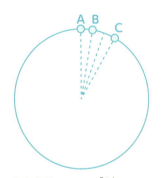

A から B ……「1」
A から C …… 1+2＝「3」
B から C ……「2」

307 本の木なんて、多すぎて図にも描けないわ。うまく工夫して、問題そのものを別の形で提起してほしいわ！

（答は p8、p12 参照）

◇「出所不明のうわさ話」◇

エヴァリスト・ガロア（Évariste Galois）をご存知ですか。パズル愛好家なら聞いたことがなくても、数学愛好家で知らない方はおそらく絶無でしょう。

ガロアは、その名を冠した「ガロア理論」で有名な天才数学者です。1811 年 10 月 25 日に生まれ、1832 年 5 月 31 日に亡くなっています。若くして数学上の大発見をなし遂げたのに、生前は（没後も 40 年近くも）誰にも理解されませんでした。その人生が、さながらドラマのように激烈だったこともあり、数学愛好家の間で絶大な共感を呼んでいるのです。

ガロアのたった 20 年と 7 ヶ月の短い人生を閉じたのは、何と決闘によるものでした。決闘の相手も、その原因も、今なおベールに包まれたままです。ガロアの残した「ガロア理論」の重要性が認識されるにつれ、この決闘についても様々な憶測が飛び交うようになりました。その 1 つが、以下のような説です。この問題があまりに難しくて、決闘相手の不興をかったという「出所不明のうわさ話」があるのです。

「パリ近郊のある池の周囲に 307 本の木が植えられている。彼は 18 人の兵士に各自木を選ばせて、どの 2 人の兵士間の木で計った間隔もすべて異なるようにせよと命じた。」

（参考文献［5］より引用）

この中の「彼」というのは、ガロアのことでしょうか。たぶん

18人の兵士の上官でしょうね。しかも、かなり意地悪な上官です。出来ないと高をくくった「いじめ」の感が漂います。可能なことだけに、むしろ底意地が悪いですね。

木が307本もあると、（決闘相手でなくても）不興をかうというものです。そこで、木を7本に減らして見てみましょう。木の本数を何本にできるか、ここで分かった方は相当なものです。

下記では「○」で木を表しています。青で塗りつぶした「○」は、A、B、Cの3人の兵士が選んだ木です。□の中の数は、木で計った間隔を示しています。

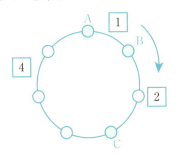

それでは「2人の兵士間の木で計った間隔」を求めてみましょう。ただし、ここでは「時計回り」で計った間隔とします。

AからB　……　「1」

AからC　……　1＋2＝「3」

BからC　……　「2」

BからA　……　2＋4＝「6」

CからA　……　「4」

CからB　……　4＋1＝「5」

「1」、「2」、「3」、「4」、「5」、「6」と、間隔がすべて異なっていますね。これに全部を加えた 1 + 2 + 4 =「7」を追加すると、「1、2、3、4、5、6、7」と「1 から 7 までの整数」が 1 回ずつ全部出そろいます。

この問題を、次のように改変したものが魔円陣（magic circle）です。下記の魔円陣は、□の個数が 3 個であることから、大きさ 3 の魔円陣と呼ばれています。

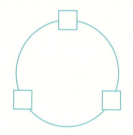

魔円陣では、木を選ぶのではなく、□の数を当てます。円のつながった部分の□の数を加えて、「1、2、3、4、5、6、7」と「1 から 7 までの整数」が 1 回ずつ全部出るようにするのです。

大きさ 3 の魔円陣は簡単ですね。□の中には、必ず「1」があります。2 = 1 + 1 しかないからには、必ず「2」もあります。3 個の中の 2 個が「1」「2」となると、残った 1 個を見つけるだけです。回転したり、鏡に映したりしたものを除くと、じつは次ページの 1 通りだけです。

序　章◆「ガロアの体」と「出所不明のうわさ話」

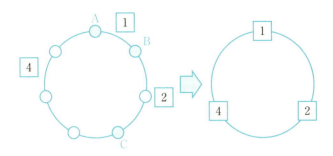

◇ **魔円陣のマジック** ◇

　ここで魔円陣（magic circle）のマジックを1つ見てみましょう。A、B、Cの3人の兵士に、Aから計った間隔だけ（時計回りに）さらに進んでもらいます。すると、どうなるのでしょうか。

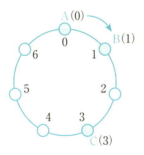

　Aは0で止まったままです。BはAから1なので、さらに1進むと2に着きます。CはAから3なので、さらに3進むと6に着きます。

13

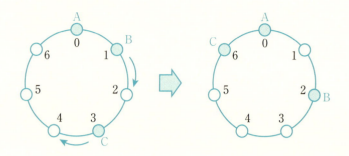

ここで個々のA、B、Cではなく、魔円陣がどうなったかに着目してみましょう。

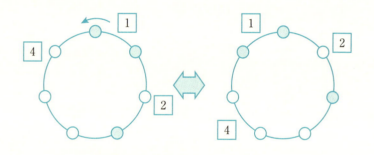

何と、(反時計回りに) 回転した状態になりましたね。

それでは、さらに続けましょう。引き続き (時計回りに) Aから計った間隔だけ進むのです。

Aは相変わらず0で止まったままです。BはAから2なので、さらに2進むと4に着きます。CはAから6なので、さらに6進むと5に着きます。

序 章 ◆「ガロアの体」と「出所不明のうわさ話」

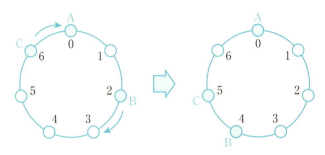

魔円陣の方は、やはり（**反**時計回りに）回転しますね。

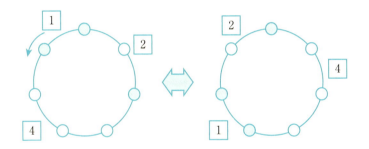

こうなったら、どんどん続けましょう。

Aは一貫して0で止まったままです。**B**はAから4なので、さらに4進むと1に着きます。**C**はAから5なので、さらに5進むと3に着きます。

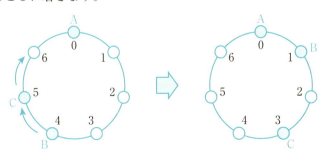

何と、最初の状態に戻ってしまいましたね。魔円陣の方も、（反時計回りに）回転して元に戻ります。

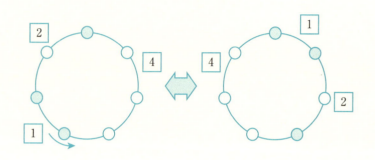

　もうこれ以上続ける必要はありませんね。同じことの繰り返しとなるだけです。

　これまで見てきたA、B、Cの位置は、進んだ分を加えて「7で割った余り」です。通常の「12で割った余り」の「時計算」になぞらえて、「ガウスの時計算」と呼ばれることもあります。ちなみに本物の時計では、「0」ではなく「12」となっています。

　さてマジックには、タネも仕掛けも……あるものです。では、この回転する魔円陣のマジックは、何がタネや仕掛けとなっているのでしょうか。（p155参照）

◇ 魔円陣の大きさ ◇

　これから「木の本数」ではなく、「□の個数」（「兵士の人数」や「魔円陣の大きさ」）を見てみましょう。ちなみに「□の個数」から「木の本数」を求めるのは簡単なことです。（p140参照）

序　章 ◆ 「ガロアの体」と「出所不明のうわさ話」

「魔円陣が作れる大きさは

　　　　3、　4、　5、　6、　8、　9、10、

　　　　12、14、17、18、20、24、26、……

という数列[*) になる。読者のみなさんは規則を見つけることが
できるだろうか。

　＊）　すべての場合を計算機で調べることが可能なのは、現在
　　でも大きさ 20 くらいまでで、それ以降は場合の数が多すぎ
　　て難しいらしい。」　　　　　　　　　（参考文献［5］より引用）

　この段階で規則が分かった方は、相当なものです。でも 1 を引
くと、おおよそ見当がつきます。

　　　　2、　3、　4、　5、　7、　8、　9、

　　　11、13、16、17、19、23、25、……

　この中から素数（1 と自分自身しか正の約数をもたない整数）
を除くと、もっとハッキリします。

　　　　4、　8、　9、16、25、……

　もう見当がつきましたね。素数 p は p^1（p の 1 乗）ですが、残
りも次のようになっています。

　　　$4 = 2^2$、$8 = 2^3$、$9 = 3^2$、$16 = 2^4$、$25 = 5^2$、……

　いずれも p^n（p の n 乗）と「素数の累乗（べき乗）」ですね。

17

◇「ガロアの体」◇

それにしても、なぜこのような「出所不明のうわさ話」が出てきたのでしょうか。このパズルを、ガロアと関連づけるものは何なのでしょうか。

じつはガロアの発見は、「ガロア理論」だけではないのです。他にもいろいろあり、その1つが有限体です。有限体は「ガロアの体」とも呼ばれ、元の個数が q の有限体は $GF(q)$（Galois Field）と表されることもあるのです。通常は F_q と表されています。この $GF(q)$ や F_q という表し方から分かるように、有限体は元の個数 q だけで（本質的に）1通りに決まってきます。

そもそも体というのは、その中で加減乗除が出来るような集合のことです。そんな体の中で、元（集合の構成メンバー）の個数が有限個しかないのが有限体です。じつはガロアの時代には、体どころか、集合という概念さえありませんでした。これらの抽象的な概念は、後世になって整えられてきたのです。

よく知られている有理数体 Q（分数に表される数の集合）や実数体 R（数直線上に表される数の集合）は、元が無数にあるので有限体ではありません。ちなみに分数と分数を加減乗除しても分数となり、数直線上の数を加減乗除しても数直線上の数となります。後者は、（正に限れば）作図の方法として知られていますね。

それでは、有限体にはどんなものがあるのでしょうか。

2つの元からなる有限体 $F_2 = \{0, 1\}$ は、コンピュータ関連で有名ですね。「$1 + 1 = 2$」とは限らず、「$1 + 1 = 0$」のこともあると、近頃は小学生でも知っています。

序　章 ◆「ガロアの体」と「出所不明のうわさ話」

和	0	1
0	0	1
1	1	0

積	0	1
0	0	0
1	0	1

　加減乗除の中の、加法、乗法の結果（**和**、**積**）は上記の通りです。減法、除法の「$-a$」「$\div a$」は、加法、乗法の「逆元」である○$+a=0$、□$\times a=1$ となる○、□を用いれば、「$+$○」「$\times$□」となってきます。もちろん除法では、0 で割ることを除きます。

　3 つの元からなる有限体 $F_3 = \{0, 1, 2\}$ も見当がつきますね。通常通り和や積を求めた上で、「3 で割った余り」とするだけです。たとえば、$1+2(=3)=0$、$2\times 2(=4)=1$ です。

和	0	1	2
0	0	1	2
1	1	2	0
2	2	0	1

積	0	1	2
0	0	0	0
1	0	1	2
2	0	2	1

　ところが、4 つの元からなる有限体 F_4 は、こう簡単にはいきません。これまでのように和や積を求めて「4 で割った余り」とすると、次のようになってしまうのです。

和	0	1	2	3
0	0	1	2	3
1	1	2	3	0
2	2	3	0	1
3	3	0	1	2

積	0	1	2	3
0	0	0	0	0
1	0	1	2	3
2	0	2	0	2
3	0	3	2	1

　問題は除法です。「$\div a$」を、□$\times a=1$ の□を用いて「$\times$□」としようにも、$a=2$ のときは、そもそも□$\times 2=1$ となる□が存在

19

しないのです。

　結論をいうと、「4 で割った余り」は体ではありませんが、じつ
は 4 つの元からなる有限体 F_4 は存在します。5 つの元からなる
有限体 F_5 も、7 つの元からなる有限体 F_7 も、さらには以下の個
数の元からなる有限体も存在します。このことを発見したのは、
ガロアです。ガロアは、これらの有限体を具体的に作り出すこと
に成功したのです。

$$2、\quad 3、\quad 4、\quad 5、\quad 7、\quad 8、\quad 9、$$
$$11、13、16、17、19、23、25、\cdots\cdots$$

　そうです。これらは、先ほどの、「魔円陣が作れる大きさ」から
「1」を引いた数ですね。(p17 参照) ガロアと関連して「出所不明
のうわさ話」が出てきたのは、このガロアの発見にちなんだもの
だったのです。

　有限体の元の個数は、じつは必ず p^n (p は素数) と「素数の累
乗 (べき乗)」となっています。さて、これらの有限体 F_q ($q = p^n$)
を、ガロアはどうやって作り出したのでしょうか。それはガロア
理論でも登場する「体の拡大」です。後ほど、詳しく見ていくこ
とにしましょう。

　それにしても、元の個数が p^n (p は素数) でないと、どうして
有限体が存在しないのでしょうか。どう工夫しても作られない
と、断言出来るのはなぜでしょうか。もちろんガロアは、これら
もすべて知っていました。(p229 参照)

序 章 ◆「ガロアの体」と「出所不明のうわさ話」

◇ 異なる種類の「幾何」◇

　もし「（平面上の）どんな2直線が1点で交わるか」と聞かれた
ら、どう答えますか。

　「平行でない2直線は1点で交わる」と答えたら、もちろん正解
です。でも「どんな2直線も1点で交わる」と答えても、じつは
正解なのです。

　そもそも「どんな幾何」を念頭において答えたかが、異なって
いるのです。早い話が、回答者は同じテーブルについていないので
す。同じ土俵に立たないと、そもそも勝負になりませんよね。話
がかみ合わない理由なんて、案外こんなところにあるのかもしれ
ません。

　ガロアにまつわるパズル、つまり「魔円陣」の方は、「どんな2
直線も1点で交わる」という幾何を用います。有限体上の射影平
面と呼ばれる土俵で考えるのです。

　ちなみに巷では、適当に円形に並べて魔円陣と称したものを見
かけますね。でもそれは、「魔円陣」ではありません。単に「魔方
陣」をまねたパズルです。

　それでは、「魔方陣」の方はどうなのでしょうか。じつは「魔方
陣」は歴史的には古いのですが、数学者が研究してきたのは、む
しろ「オイラー方陣」の方でした。（p71参照）もっとも「オイ
ラー方陣」は、「魔方陣」と無関係というわけではありません。

　じつは「オイラー方陣」の方は、「（平面上の）平行でない2直
線は1点で交わる」という幾何の土俵で考えます。何だ、普通の
ユークリッド平面じゃないか、と思われるかもしれませんね。で

21

も、ここで用いるのはあくまでも有限体上の平面です。

　ところで幾何というと、いろいろな図形が出てきて難しそうですね。でも心配いりません。今回は「点」と「直線」しか出てきません。しかも用いるのは、「平行でない2直線は1点で交わる」「どんな2直線も1点で交わる」ということだけです。

「魔方陣」（むしろ「オイラー方陣」）と「魔円陣」とでは、字面は似ていますが、その中身は全く別物です。ところがこれらの作り方となると、不思議と共通点が見られるのです。ともに「ガロアの数学」、つまり有限体が威力を発揮するのです。あくまでも別々の種類の幾何ですが、どちらも有限体上の幾何、つまり有限幾何が用いられてきたのです。

第 1 章
魔方陣と n 進法

「0、1、2、…、24」を並べて、縦、横、対角線の和を全部等しくしてみよう！ヒントは 5 進法だよ。

1	8	3
6	4	2
5	0	7

3×3 の魔方陣

5×5 の魔方陣

「0、1、2、…、24」を 5 進法で表してから並べるのね。うまく並べられたら、元の 10 進法に戻すことにするわ。

(答は p37 参照)

1 魔方陣の歴史

◇ 魔方陣 ◇

　魔方陣なんて、しょせんパズルの類だと思っていませんか。もっとコンピュータ時代にふさわしいものを……、すみやかに「ガロアの数学」を……、とお望みかもしれませんね。そのような方は、さっさと次章に進むのもお勧めです。もっとも魔方陣を作っていく過程で、早くも次章で扱う「ラテン方陣」や「オイラー方陣」が顔をのぞかせます。さて、それらが現れるのはどこでしょうか。見当をつけながら読み進めてみましょう。

　ところで、魔方陣の「方」は魔法の「法」の間違いでは、と思いませんでしたか。魔方陣（magic square）の「魔」は magic ですが、「方」は方形（正方形）の square です。

　魔方陣の実例を見てみましょう。

4	9	2
3	5	7
8	1	6

横の「行」の3数の和は、どれも15ですね。

4	9	2
3	5	7
8	1	6

$4 + 9 + 2 = 15$

$3 + 5 + 7 = 15$

$8 + 1 + 6 = 15$

縦の「列」の3数の和も、どれも15です。

4	9	2
3	5	7
8		6

$4 + 3 + 8 = 15$

$9 + 5 + 1 = 15$

$2 + 7 + 6 = 15$

斜めの「対角線」の3数の和も、どれも15です。

4	9	2
3	5	7
8	1	6

$4 + 5 + 6 = 15$

$2 + 5 + 8 = 15$

　上記の例では 3×3 の正方形に「1 から 9」の整数を並べましたが、一般には $n \times n$ の正方形に「1 から n^2」の整数を並べます。このとき、「行」「列」「対角線」の和がすべて等しいものが魔方陣です。

◇ 中国・インドの魔方陣 ◇

　上で紹介した魔方陣は、じつは最古のものとされています。文明発祥の地はいずれも大河の流域ですが、そのひとつの洛水（黄河）流域の中国（夏）で、次のような不思議な逸話とともに伝えられてきたのです。

　その昔（紀元前）、洛水の治水に貢献して王位についた、禹という名の聖帝がいました。この禹の時代に、何とこの洛水から大

きな神亀が現れたというのです。その甲羅にあったのが、次の「**洛書**」（左図）と呼ばれる模様です。

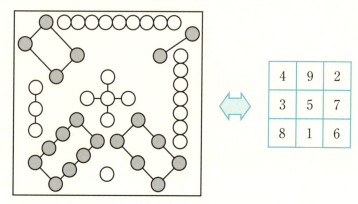

『易経』に記されたこの伝説が、日本でもおなじみの九星術（一白水星、二黒土星、三碧木星、四緑木星、五黄土星、六白金星、七赤金星、八白土星、九紫火星）につながったとされています。両手の指の本数の「十」星術ではなく、「九」星術となったのです。（**和**は年によって異なります。）（p56、p92参照）

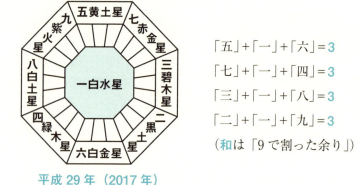

「五」+「一」+「六」= 3
「七」+「一」+「四」= 3
「三」+「一」+「八」= 3
「二」+「一」+「九」= 3
（和は「9で割った余り」）

平成29年（2017年）

魔方陣は、じつはインドでも知られていました。インド北部の

ガリオールの城門（年代不明）や、チャンドラ王国（870 ～ 1200）の古都カジュラホで見つかったジャイナ教の碑銘には、次のような魔方陣が刻まれていたのです。（次は参考文献［1］より引用）

15	10	3	6
4	5	16	9
14	11	2	7
1	8	13	12

ガリオール

7	12	1	14
2	13	8	11
16	3	10	5
9	6	15	4

カジュラホ

◇ 西欧の魔方陣 ◇

　西欧で魔方陣が登場するのは、ようやく中世になってからです。アルブレヒト・デューラーの銅版画「メランコリア I」（Melancholia）では、翼の生えた人物の背景に、砂時計、コンパス、天秤、球、多面体等に混じって、次のような魔方陣が描かれていました。

16	3	2	13
5	10	11	8
9	6	7	12
4	15	14	1

　中央下の「1514」は、このデューラーの銅版画の制作年です。つまり「1514」年には、西欧でも魔方陣が知られていたことになります。

◇ 日本の魔方陣 ◇

日本でも、和算家によって魔方陣の研究がなされてきました。$n \times n$ の魔方陣で難しいのは、じつは $n = 4k + 2$ の場合です。和算家の**関孝和**は、1683 年に著した『方陣之法』の中で、この場合についても、次のような作成方法を示しています。

まずは 1 から n^2 の中央部分の数を用いて、$4k \times 4k$ の魔方陣を作ります。さらに残りの数を用いて外周を取り巻き、$(4k+2) \times (4k+2)$ の魔方陣を作るのです。

たとえば 4×4 の魔方陣を用いて、$(4+2) \times (4+2)$ の魔方陣を作るとします。（下記の 4×4 の魔方陣は、0 から始まる p38 の魔方陣に 1 を加えたものです。）

1	15	14	4
12	6	7	9
8	10	11	5
13	3	2	16

⬇ +10

11	25	24	14
22	16	17	19
18	20	21	15
23	13	12	26

和 111

1	34	33	32	9	2
6					31
10		和 37			27
30					7
29					8
35	3	4	5	28	36

28

		↓			
1	34	33	32	9	2
6	11	25	24	14	31
10	22	16	17	19	27
30	18	20	21	15	7
29	23	13	12	26	8
35	3	4	5	28	36

　結論をいうと、$n \times n$ の魔方陣は（明らかに不可能な $n=2$ の場合を除いて）存在します。いろいろな作成法が編み出され、さらには美しい特別な魔方陣も追求されてきました。賞金の懸かった魔方陣もあるので、興味のある方はチャレンジしてみてはいかがでしょうか。（参考文献［2］参照）

　本書では $n \times n$ の魔方陣を1つ作って満足し、特殊な性質を満たすものは扱わないことにします。さらに魔方陣を扱うのは第1章だけとし、第2章からはオイラー方陣へと話を進めていきます。そもそも数学者が興味をもったのは、オイラー方陣の方でした。有名な「オイラーの36士官問題」を契機として、オイラー方陣が研究されるようになったのです。

68^2	29^2	41^2	37^2
17^2	31^2	79^2	32^2
59^2	28^2	23^2	61^2
11^2	77^2	8^2	49^2

平方数による魔方陣（オイラー）

63^3	36^3	21^3	17^3	26^3	43^3	22^3
45^3	64^3	8^3	33^3	15^3	27^3	18^3
10^3	29^3	2^3	58^3	54^3	11^3	34^3
32^3	19^3	62^3	1^3	25^3	3^3	50^3
4^3	14^3	13^3	46^3	56^3	51^3	20^3
9^3	42^3	49^3	5^3	30^3	57^3	24^3
35^3	12^3	37^3	44^3	28^3	6^3	60^3

立方数による魔方陣（白川俊博）

（上記の魔方陣は参考文献［2］より引用）

第 1 章 ◆ 魔方陣と n 進法

2 魔方陣の作成法

◇ n 進法 ◇

ここからは、$n \times n$ の正方形に「1 から n^2」ではなく、「0 から n^2-1」の整数を並べることにします。3×3 の魔方陣なら、「1 から 9」ではなく、「0 から 8」を並べるのです。

4	9	2
3	5	7
8	1	6

-1 ⇨

3	8	1
2	4	6
7	0	5

さらに、$n \times n$ の魔方陣を作る際は、n 進法を用いることにします。上記 3×3 の魔方陣なら、3 進法を用います。たし算をする労力が軽減されるからです。

それではお金を用いて、まずは 3 進法を確認しましょう。

日頃用いている 10 進法では、1 円玉 10 個で繰り上がりが生じ、10 円玉 1 個となって「10」と記します。10 進法での「21」は、10 円玉 2 個と 1 円玉 1 個のことで「2×10＋1」です。

3 進法では、1 円玉 3 個で繰り上がりが生じ、3 円玉 1 個となって「10」と記します。3 進法での「21」は、3 円玉 2 個と 1 円玉 1 個のことで「2×3＋1」です。

10 進法での 21　⇔　2×10＋1

3 進法での 21　⇔　2×3＋1

31

さらに通常は「1」と記すところを、ここでは「01」と記すことにします。3進法では次のようになっています。

$00 = 0 \times 3 + 0$ 　　 $01 = 0 \times 3 + 1$ 　　 $02 = 0 \times 3 + 2$

$10 = 1 \times 3 + 0$ 　　 $11 = 1 \times 3 + 1$ 　　 $12 = 1 \times 3 + 2$

$20 = 2 \times 3 + 0$ 　　 $21 = 2 \times 3 + 1$ 　　 $22 = 2 \times 3 + 2$

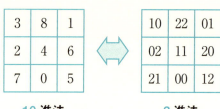

10進法　　　　**3進法**

ここで、「3の位」（3円玉の個数）と「1の位」（1円玉の個数）に分けて見てみます。

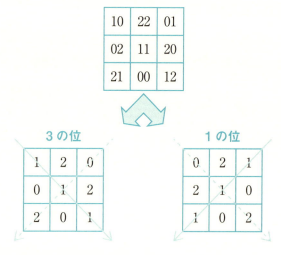

「3 の位」の左上と右下を結ぶ対角線と、「1 の位」の右上と左下を結ぶ対角線を除けば、「行」「列」「対角線」に「0、1、2」が並んでいますね。しかも除いた対角線の和は、「1 + 1 + 1」（= 3）で「0 + 1 + 2」（= 3）と等しくなっています。このためいずれの和も、3 × 3 + 3 = 12 とすぐに分かります。

◇ 3×3 の魔方陣 ◇

（奇数）×（奇数）の魔方陣の作り方として、「バシェー方式」と呼ばれる方法が知られています。

たとえば 3×3 の魔方陣なら、まずは次のように右上から左下に（3 進法で表された）数を並べていきます。（右図は左図の中央部分です。）

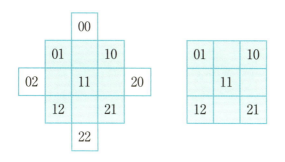

右図の空欄には、左図のはみ出た数を埋めていきます。

まずは正方形の縦の両辺を（頭の中で）重ね合わせ、円筒形にします。すると、はみ出た部分が空欄に重なってきます。その数を空欄に書き込みます。

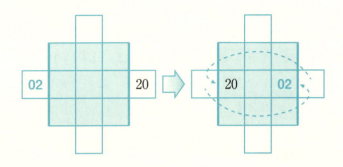

次に正方形の横の両辺を（頭の中で）重ね合わせ、円筒形にします。すると、はみ出た部分が空欄に重なってきます。その数を空欄に書き込みます。

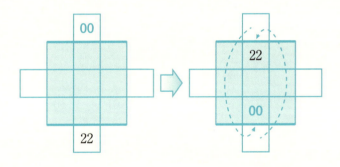

空欄が埋まって完成したものは、次の通りです。

01	22	10
20	11	02
12	00	21

「3の位」も「1の位」も、「行」「列」「対角線」の和はすべて3

となっていますね。

これを 10 進法に直すと、次のようになります。(1 から始める場合は、全部に 1 を加えてください。)

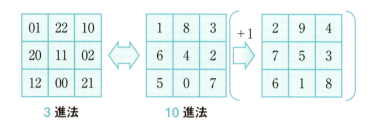

3 進法　　　　**10 進法**

完成した魔方陣は、「洛書」を鏡に映したものですね。

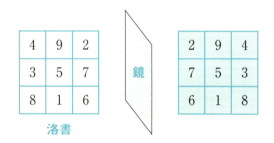

洛書

◇ 5×5 の魔方陣 ◇

「バシェー方式」で、今度は 5×5 の魔方陣を作ってみましょう。

今回は、数を表すのに 5 進法を用います。5 になったら繰り上がりが生じます。

$$10 \text{ 進法での } 21 \Leftrightarrow 2 \times 10 + 1$$
$$5 \text{ 進法での } 21 \Leftrightarrow 2 \times 5 + 1$$

35

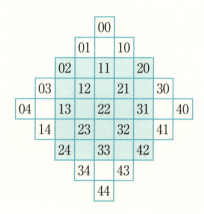

3×3の場合と同じく円筒形を作り、空欄に重なってきた数を書き込みます。こうして完成したものは、次の通りです。

02	34	11	43	20
30	12	44	21	03
13	40	22	04	31
41	23	00	32	14
24	01	33	10	42

「5の位」の右上と左下を結ぶ対角線と、「1の位」の左上と右下を結ぶ対角線を除いて、「行」「列」「対角線」に「0、1、2、3、4」が並んでいますね。しかも除いた対角線の和は、どちらも「2+2+2+2+2」（＝10）で「0+1+2+3+4」（＝10）と等しくなっています。このため、和はいずれも $10 \times 5 + 10 = 60$ となります。

これを10進法に直すと、次のようになります。（1から始める場合は、全部に1を加えてください。）

36

第 1 章 ◆ 魔方陣と n 進法

02	34	11	43	20
30	12	44	21	03
13	40	22	04	31
41	23	00	32	14
24	01	33	10	42

5 進法

2	19	6	23	10
15	7	24	11	3
8	20	12	4	16
21	13	0	17	9
14	1	18	5	22

10 進法

◇ 4×4 の魔方陣 ◇

（偶数）×（偶数）の魔方陣の作り方は、少々複雑になってきます。

まずは、4×4 の魔方陣を見ていきましょう。今回は、数を表すのに 4 進法を用います。4 になったら繰り上がりが生じます。

$$10 \text{ 進法での } 21 \quad \Leftrightarrow \quad 2 \times 10 + 1$$

$$4 \text{ 進法での } 21 \quad \Leftrightarrow \quad 2 \times 4 + 1$$

まずは、左上から右下へと順に数を並べていきます。

00	01	02	03
10	11	12	13
20	21	22	23
30	31	32	33

00			03
	11	12	
	21	22	
30			33

対角線には、「4 の位」も「1 の位」も「0、1、2、3」が並んでいますね。そこでこれらは固定して、残りを中央点で点対称に移動させます。

37

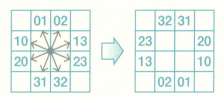

完成したものは、次の通りです。

00	32	31	03
23	11	12	20
13	21	22	10
30	02	01	33

行や列には、「4の位」も「1の位」も「0、1、2、3」の他に「0、3、3、0」や「1、2、2、1」が並んでいますね。でも和の「0＋3＋3＋0」「1＋2＋2＋1」「0＋1＋2＋3」は、いずれも6で等しくなっています。このため「行」「列」「対角線」の和は、すべて6×4＋6＝30となります。

これを10進法に直すと、次のようになります。（1から始める場合は、全部に1を加えてください。）

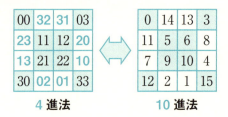

◇ **8×8の魔方陣** ◇

6×6の魔方陣は後に回して、今度は8×8の魔方陣を見てみま

しょう。4×4の魔方陣と同様にして作られるからです。今回は、8進法を用いて数を表します。8になったら繰り上がりが生じます。

$$10 \text{ 進法での } 21 \quad \Leftrightarrow \quad 2 \times 10 + 1$$

$$8 \text{ 進法での } 21 \quad \Leftrightarrow \quad 2 \times 8 + 1$$

まずは、左上から右下へと数を並べていきます。

00	01	02	03	04	05	06	07
10	11	12	13	14	15	16	17
20	21	22	23	24	25	26	27
30	31	32	33	34	35	36	37
40	41	42	43	44	45	46	47
50	51	52	53	54	55	56	57
60	61	62	63	64	65	66	67
70	71	72	73	74	75	76	77

ここで色のついた部分は固定して、残りを中央点で点対称に移動させます。

00	01	75	74	73	72	06	07
10	11	65	64	63	62	16	17
57	56	22	23	24	25	51	50
47	46	32	33	34	35	41	40
37	36	42	43	44	45	31	30
27	26	52	53	54	55	21	20
60	61	15	14	13	12	66	67
70	71	05	04	03	02	76	77

対角線には、「8の位」も「1の位」も「0、1、2、3、4、5、6、7」が並んでいますね。行の「1の位」や、列の「8の位」も、「0、1、2、3、4、5、6、7」が並んでいます。

　でも、行の「8の位」や、列の「1の位」はそうではありません。でもその和は「(0＋7)×4」、「(1＋6)×4」、「(2＋5)×4」、「(3＋4)×4」となり、どれも「0＋1＋2＋3＋4＋5＋6＋7」（＝28）と等しくなっています。このため「行」「列」「対角線」の和は、すべて28×8＋28＝252となります。

　これを10進法に直すと、次のようになります。（1から始める場合は、全部に1を加えてください。）

0	1	61	60	59	58	6	7
8	9	53	52	51	50	14	15
47	46	18	19	20	21	41	40
39	38	26	27	28	29	33	32
31	30	34	35	36	37	25	24
23	22	42	43	44	45	17	16
48	49	13	12	11	10	54	55
56	57	5	4	3	2	62	63

◇ 12×12の魔方陣 ◇

　3×3の魔方陣と4×4の魔方陣を用いれば、(3×4)×(3×4)つまり12×12の魔方陣を作ることが出来ます。同様にして（たった1個の）4×4の魔方陣から、(4×4)×(4×4)つまり16×16の魔方陣も作られます。でも2×2の魔方陣は存在しないので、こ

第1章◆魔方陣とn進法

れから見ていく方法では、(2×3)×(2×3)つまり6×6の魔方陣を作ることは出来ません。別の方法が必要となってくるのです。

それでは3×3の魔方陣と4×4の魔方陣を用いて、12×12の魔方陣を作っていきましょう。

まず12×12を塊に分けることにします。12＝3×4から、「4×4の塊なら3×3個」（左図）、「3×3の塊なら4×4個」（右図）とします。

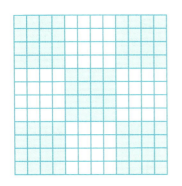 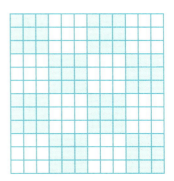

どちらもやり方は同じなので、ここでは左図の「4×4の塊が3×3個」として見ていきます。

まずは、3×3の魔方陣と4×4の魔方陣を用意します。（p35、p38参照）

A

1	8	3
6	4	2
5	0	7

B

0	14	13	3
11	5	6	8
7	9	10	4
12	2	1	15

41

これらを 12×12 の正方形に、次のように配置します。右図は、すべての塊を同一とします。

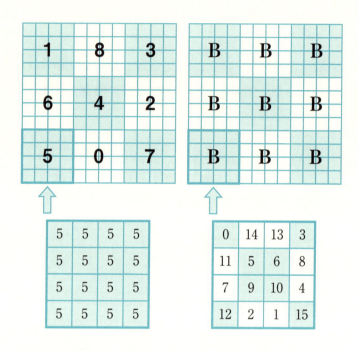

この2つを重ねて、整数の組「○-△」を作ります。左図が「○」で、右図が「△」です。左下の部分は、次の通りです。

1-0	1-14	1-13	1-3	8-0	8-14	8-13	8-3	3-0	3-14	3-13	3-3
1-11	1-5	1-6	1-8	8-11	8-5	8-6	8-8	3-11	3-5	3-6	3-8
1-7	1-9	1-10	1-4	8-7	8-9	8-10	8-4	3-7	3-9	3-10	3-4
1-12	1-2	1-1	1-15	8-12	8-2	8-1	8-15	3-12	3-2	3-1	3-15
6-0	6-14	6-13	6-3	4-0	4-14	4-13	4-3	2-0	2-14	2-13	2-3
6-11	6-5	6-6	6-8	4-11	4-5	4-6	4-8	2-11	2-5	2-6	2-8
6-7	6-9	6-10	6-4	4-7	4-9	4-10	4-4	2-7	2-9	2-10	2-4
6-12	6-2	6-1	6-15	4-12	4-2	4-1	4-15	2-12	2-2	2-1	2-15
5-0	5-14	5-13	5-3	0-0	0-14	0-13	0-3	7-0	7-14	7-13	7-3
5-11	5-5	5-6	5-8	0-11	0-5	0-6	0-8	7-11	7-5	7-6	7-8
5-7	5-9	5-10	5-4	0-7	0-9	0-10	0-4	7-7	7-9	7-10	7-4
5-12	5-2	5-1	5-15	0-12	0-2	0-1	0-15	7-12	7-2	7-1	7-15

　この整数の組「○-△」を、16進法で表した数とみなします。○が「16円玉の個数」で、△が「1円玉の個数」です。通常は「○△」と表すところを、今回は「○-△」としているのです。10進法での数を $4 \times 4 = 16$ で割った「商」が○、「余り」が△です。

$$\left(\begin{array}{l} 0 \div 16 = 0 \text{ 余り } 0 \\ 16 \div 16 = 1 \text{ 余り } 0 \\ 143 \div 16 = 8 \text{ 余り } 15 \end{array} \right. \begin{array}{l} \lceil 0 \rfloor \\ \lceil 16 \rfloor \\ \lceil 143 \rfloor \end{array} \begin{array}{c} \Leftrightarrow \\ \Leftrightarrow \\ \Leftrightarrow \end{array} \begin{array}{l} \lceil 0-0 \rfloor \\ \lceil 1-0 \rfloor \\ \lceil 8-15 \rfloor \end{array} \left. \begin{array}{l} 0 \times 16 + 0 = 0 \\ 1 \times 16 + 0 = 16 \\ 8 \times 16 + 15 = 143 \end{array} \right)$$

16円玉の総個数は、「行」「列」「対角線」とも「1+8+3」「1+6+5」「1+4+7」等の4倍です。つまり、いずれも12の4倍で48個です。

1円玉の総個数は、「行」「列」「対角線」とも「0+14+13+3」「0+11+7+12」「0+5+10+15」等の3倍です。つまり、いずれも30の3倍で90個です。

このため、「行」「列」「対角線」の和は、いずれも16円玉48個と1円玉90個となり、48×16+90=858です。

この858が、12×12の魔方陣の「行」「列」「対角線」の和です。念のために確認してみましょう。

まず、12×12に並べる「0から143」(143=12×12−1)の全部の和は、次の通りです。

これを12行で割れば、各行の和は143×72÷12=858となります。つまり、先ほどの48×16+90=858です。

16進法での「○−△」を10進法に直すと、p43の図は次ページのようになります。たとえば「1−14」は、16円玉1個と1円玉14個で1×16+14=30です。(1から始める場合は、全部に1を加えてください。)

16	30	29	19	128	142	141	131	48	62	61	51
27	21	22	24	139	133	134	136	59	53	54	56
23	25	26	20	135	137	138	132	55	57	58	52
28	18	17	31	140	130	129	143	60	50	49	63
96	110	109	99	64	78	77	67	32	46	45	35
107	101	102	104	75	69	70	72	43	37	38	40
103	105	106	100	71	73	74	68	39	41	42	36
108	98	97	111	76	66	65	79	44	34	33	47
80	94	93	83	0	14	13	3	112	126	125	115
91	85	86	88	11	5	6	8	123	117	118	120
87	89	90	84	7	9	10	4	119	121	122	116
92	82	81	95	12	2	1	15	124	114	113	127

　今回は「○－△」としましたが、じつは16進法で数を表すに
は「数字」が16個必要です。「0、1、2、……、9」の10個では足
りず、（コンピュータ関連では）「A、B、……、F」を追加で用い
ます。2進法の「0、1」が並んだのでは、人間の方が耐えきれま
せんよね。そこで4桁ずつまとめて、（2×2×2×2＝）16進法に
直しているのです。

　たとえば16円玉1個と1円玉14個の1×16＋14＝30を、ここ
では16進法で「1－14」としましたが、通常は「1E」と記されま
す。10は「A」、11は「B」、12は「C」、13は「D」、14は「E」、
15は「F」です。（16は「10」です。16になったら繰り上がりが
生じるのです。）

◇ 6×6の魔方陣 ◇

2×2の魔方陣は存在しないので、先ほどの方法では(2×3)×(2×3)つまり6×6の魔方陣を作ることは出来ません。でも少々工夫することで、同じように進められるのです。

まず(3×2)×(3×2)の正方形を、「2×2の塊が3×3個」とします。(2×2の魔方陣が存在しないため、今回は「3×3の塊が2×2個」とはしません。)

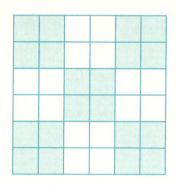

まずは、6×6の正方形に並べる0から35（$=6^2-1$）のそれぞれの整数に、次のような整数の組「○−△」を対応させます。2×2=4で割った「商」を○とし、「余り」を△とするのです。「○−△」は、「16円玉」を用いないので、厳密には4進法ではありませんね。○が「4円玉の個数」で、△が「1円玉の個数」です。

$$\begin{cases} 0 \div 4 = 0 \text{ 余り } 0 \\ 16 \div 4 = 4 \text{ 余り } 0 \\ 35 \div 4 = 8 \text{ 余り } 3 \end{cases} \begin{matrix} \lceil 0 \rfloor \\ \lceil 16 \rfloor \\ \lceil 35 \rfloor \end{matrix} \begin{matrix} \Leftrightarrow \\ \Leftrightarrow \\ \Leftrightarrow \end{matrix} \begin{matrix} \lceil 0-0 \rfloor \\ \lceil 4-0 \rfloor \\ \lceil 8-3 \rfloor \end{matrix} \begin{cases} 0 \times 4 + 0 = 0 \\ 4 \times 4 + 0 = 16 \\ 8 \times 4 + 3 = 35 \end{cases}$$

第 1 章 ◆ 魔方陣と n 進法

さて、下記の「4円玉の個数」は魔方陣ですが（p35 参照）、「1円玉の個数」の L、U、X はいずれも魔方陣ではありません。

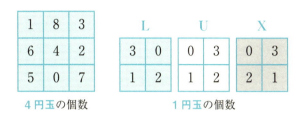

4円玉の個数　　　　1円玉の個数

これから見ていく作成法は、J. H. コンウェイ（John Horton Conway）が考案した LUX 法と呼ばれるものです。じつはコンウェイの L、U、X は、上記より 1 ずつ大きくなっています。ここでは「1 から n^2」ではなく「0 から n^2-1」を並べる関係で、1 だけ小さくしています。

整数の組「○-△」の「○」「△」を、次のように配置します。左図が「○」で右図が「△」です。今回の右図は、すべての塊で同一とはなっていないことに注目です。

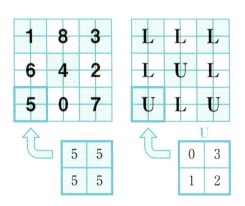

47

2×2の魔方陣は、確かに存在しません。行、列、対角線を$(0+1+2+3)÷2=3$には出来ないのです。でも6×6の正方形を「2×2の塊が3×3個」に分けたとき、それぞれの塊が「0、1、2、3」からなり、「行」「列」「対角線」の和がすべて$(0+1+2+3)÷2=3$の3倍の$3×3=9$にすることなら、次のように可能なのです。

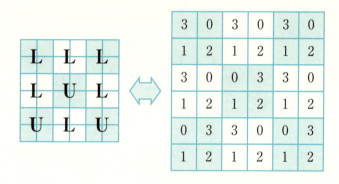

ここに目をつけたのがコンウェイです。(6×6の場合は、Xは用いません。)

整数の組「○-△」は、次の通りです。

1-3	1-0	8-3	8-0	3-3	3-0
1-1	1-2	8-1	8-2	3-1	3-2
6-3	6-0	4-0	4-3	2-3	2-0
6-1	6-2	4-1	4-2	2-1	2-2
5-0	5-3	0-3	0-0	7-0	7-3
5-1	5-2	0-1	0-2	7-1	7-2

第1章◆魔方陣とn進法

4円玉の総個数は、「行」「列」「対角線」とも「1＋8＋3」「1＋6＋5」「1＋4＋7」等の2倍です。つまり、いずれも12の2倍で24個です。

1円玉の総個数は、「行」「列」「対角線」とも先ほどの3×3＝9個です。

このため、「行」「列」「対角線」の和は、いずれも4円玉24個と1円玉9個で24×4＋9＝105です。

この105は、次のようにしても求まります。まず、全部の和は次の通りです。（35＝6×6－1）

$$0+1+2+\cdots\cdots+33+34+35=35\times\frac{36}{2}=35\times18$$

これを6行で割れば、各行は35×18÷6＝105となり、先ほどの24×4＋9＝105と一致します。

整数の組「○－△」を10進法に直すと、次の通りです。たとえば「1－3」は、4円玉1個と1円玉3個で1×4＋3＝7です。

1-3	1-0	8-3	8-0	3-3	3-0
1-1	1-2	8-1	8-2	3-1	3-2
6-3	6-0	4-0	4-3	2-3	2-0
6-1	6-2	4-1	4-2	2-1	2-2
5-0	5-3	0-3	0-0	7-0	7-3
5-1	5-2	0-1	0-2	7-1	7-2

⇔

7	4	35	32	15	12
5	6	33	34	13	14
27	24	16	19	11	8
25	26	17	18	9	10
20	23	3	0	28	31
21	22	1	2	29	30

49

◇ **10×10 の魔方陣** ◇

コンウェイの **LUX 法**を用いて、今度は 10×10 の魔方陣を作ってみましょう。10＝5×2 です。（5×5 の魔方陣は p37 参照）

2	19	6	23	10
15	7	24	11	3
8	20	12	4	16
21	13	0	17	9
14	1	18	5	22

4 円玉の個数

L
3	0
1	2

U
0	3
1	2

X
0	3
2	1

1 円玉の個数

10×10 の正方形を「2×2 の塊が 5×5 個」に分けたとき、整数の組「○−△」の△の方（これまで右図とした方）は、次のように配置します。

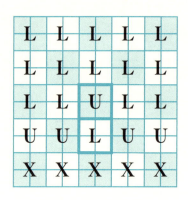

一般の $(2n+1)\times(2n+1)$ の場合には、上の $(n+1)$ 行を「L」その1つ下の行だけ「U」、その下の $(n-1)$ 行は「X」とし、さらに中央の「L」とその下の「U」を入れかえます。

前ページ下図は、具体的には次の通りです。

3	0	3	0	3	0	3	0	3	0
1	2	1	2	1	2	1	2	1	2
3	0	3	0	3	0	3	0	3	0
1	2	1	2	1	2	1	2	1	2
3	0	3	0	0	3	3	0	3	0
1	2	1	2	1	2	1	2	1	2
0	3	0	3	3	0	0	3	0	3
1	2	1	2	1	2	1	2	1	2
0	3	0	3	0	3	0	3	0	3
2	1	2	1	2	1	2	1	2	1

それぞれの塊が「0、1、2、3」からなり、「行」「列」「対角線」の和はすべて $(0+1+2+3)\div2=3$ の5倍の $3\times5=15$ となっていますね。

6×6 の場合と同様に、重ねて整数の組「○−△」を作り、それを10進法に直せば、10×10 の魔方陣の完成です。

ちなみに4円玉の総個数は、「行」「列」「対角線」とも $(0+1+\cdots+24)\div5=24\times\dfrac{25}{2}\div5=60$ の2倍で120個です。

1円玉の総個数は、「行」「列」「対角線」とも先ほどの3×5＝15個です。

つまり「行」「列」「対角線」の和は、いずれも4円玉120個と1円玉15個で120×4＋15＝495となっています。

11	8	79	76	27	24	95	92	43	40
9	10	77	78	25	26	93	94	41	42
63	60	31	28	99	96	47	44	15	12
61	62	29	30	97	98	45	46	13	14
35	32	83	80	48	51	19	16	67	64
33	34	81	82	49	50	17	18	65	66
84	87	52	55	3	0	68	71	36	39
85	86	53	54	1	2	69	70	37	38
56	59	4	7	72	75	20	23	88	91
58	57	6	5	74	73	22	21	90	89

◇ $n×n$ の魔方陣 ◇

n が奇数のときは、「$n×n$ の魔方陣」は「バシェー方式」で作られます。

では、n が偶数のときはどうでしょうか。

まず、$n＝2$ の「$2×2$ の魔方陣」は存在しません。

$n＝4$ の「$4×4$ の魔方陣」はp37で、$n＝8$ の「$8×8$ の魔方陣」

第 1 章 ◆ 魔方陣と n 進法

は p38 で作りました。

$n=16$ の「16×16 の魔方陣」は、（たった 1 個の）「4×4 の魔方陣」から p40 と同様にして作られます。

$n=32=4×8$ の「32×32 の魔方陣」は、「4×4 の魔方陣」と「8×8 の魔方陣」から p40 と同様にして作られます。

同様にして $n=2^m=4×2^{m-2}$ （$m≧6$）の「$2^m×2^m$ の魔方陣」も、「4×4 の魔方陣」と「$2^{m-2}×2^{m-2}$ の魔方陣」（$m-2≧4$）から次々に作られていきます。

さらには $n=2^m×$（奇数）（$m≧2$）の「$n×n$ の魔方陣」も、「$2^m×2^m$ の魔方陣」と「(奇数)×(奇数) の魔方陣」を用いて、p40 と同様にして作られます。

「$n×n$ の魔方陣」で難しいのは、じつは $n=4k+2$ の場合だと、p28 でお断りしましたね。$n=4k+2=2×(2k+1)$、つまり $n=2×$（奇数）の場合です。

この $n=2×$（奇数）の場合も含めて、関孝和は魔方陣の作成法を発見していたのです。それにしてもコンウェイの LUX 法は、まるで「数独」のようでしたね。コンウェイは、塊の中は「0、1、2、3」にして、「行」「列」「対角線」の和をすべて $(0+1+2+3)÷2=3$ の $(2k+1)$ 倍、つまり $3×(2k+1)$ にすることに成功したのです。

$n≠2$ のとき、「$n×n$ の魔方陣」は存在する

コラム I　インドの魔方陣

インドというと「0の発見」で有名ですね。

もしかしたらインドで発見された魔方陣も、ただものではないかもしれません。

さて下記のインドの魔方陣で、「行」「列」「対角線」の和が34となる他に、何か特別なものが見つかりましたか。

15	10	3	6
4	5	16	9
14	11	2	7
1	8	13	12

ガリオール

7	12	1	14
2	13	8	11
16	3	10	5
9	6	15	4

カジュラホ

それでは「対角線に平行」と呼ばれる和に着目してみましょう。

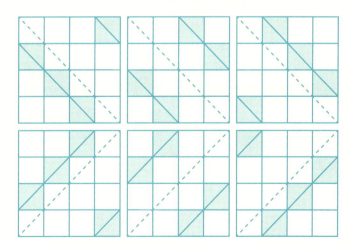

第1章◆魔方陣とn進法

これらの「対角線に平行」な和を見てみると、次のようにすべて等しいですね。

15	10	3	6
4	5	16	9
14	11	2	7
1	8	13	12

ガリオール

4+11+13+6=34

14+8+9+3=34

1+7+16+10=34

3+5+14+12=34

10+4+13+7=34

15+8+2+9=34

7	12	1	14
2	13	8	11
16	3	10	5
9	6	15	4

カジュラホ

2+3+15+14=34

16+6+11+1=34

9+5+8+12=34

1+13+16+4=34

12+2+15+5=34

7+6+10+11=34

「行」「列」「対角線」「対角線に平行」の和がすべて等しい魔方陣は、完全方陣と呼ばれています。インドの魔方陣は、じつは完全方陣となっていたのです。

55

コラムⅡ 九星術

「洛書」に由来する「九星術」は、以下の通りです。ここで「上」とあるのは、方角でいうと「南」になります。（図は p92 参照）

	下	右上	左	左上	中央	右下	右	左下	上
[2018 年]	5	6	7	8	9	1	2	3	4
[2019 年]	4	5	6	7	8	9	1	2	3
[2020 年]	3	4	5	6	7	8	9	1	2
[2021 年]	2	3	4	5	6	7	8	9	1
[2022 年]	1	2	3	4	5	6	7	8	9
[2023 年]	9	1	2	3	4	5	6	7	8
[2024 年]	8	9	1	2	3	4	5	6	7
[2025 年]	7	8	9	1	2	3	4	5	6
[2026 年]	6	7	8	9	1	2	3	4	5

第2章
ラテン方陣とオイラー方陣

A、B、Cの各部隊から、α、β、γの各階級の士官を集めて、合計9人で3行3列の隊列を作るのさ。どの行と列にも各部隊と各階級が1人ずついるように並べるには、どうしたらいいかな？

Aα、Aβ、Aγ、
Bα、Bβ、Bγ、
Cα、Cβ、Cγ

Aα	Bβ	Cγ

先に別々に並べておいて、後で重ねることにするわね。

（答はp74参照）

3 ラテン方陣

◇ **ラテン方陣** ◇

　ガロアが発見した有限体は、これから扱う**ラテン方陣**で威力を発揮します。もっとも有限体を用いるまでもなく、簡単に作られる場合もあります。ここでは、そんな簡単な場合を見ていくことにしましょう。

　さてラテン方陣は、すでに目にしています。下記の2つは（p32参照）、どちらも**3次**のラテン方陣（**次数3**のラテン方陣）です。

<table>
<tr><td colspan="3" align="center">**3の位**</td></tr>
<tr><td>1</td><td>2</td><td>0</td></tr>
<tr><td>0</td><td>1</td><td>2</td></tr>
<tr><td>2</td><td>0</td><td>1</td></tr>
</table>

<table>
<tr><td colspan="3" align="center">**1の位**</td></tr>
<tr><td>0</td><td>2</td><td>1</td></tr>
<tr><td>2</td><td>1</td><td>0</td></tr>
<tr><td>1</td><td>0</td><td>2</td></tr>
</table>

　どちらも、「行」「列」ともに「0、1、2」が（1回ずつ）現れていますね。「対角線」には「0、1、2」の他に「1、1、1」が現れていますが、ラテン方陣では「対角線」は問題にしません。

　ラテン方陣の「ラテン」は、ラテン文字から来ています。歴史的には、**数字**（0、1、2、……）ではなく、**ラテン文字**（A、B、C、……）が使われてきたのです。そもそもラテン方陣では和を問題にしないので、文字でも記号でも区別出来れば何でもよいの

です。その異なった何かが、「行」にも「列」にも（1回ずつ）現れているのが**ラテン方陣**です。

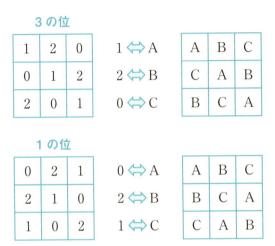

せっかくラテン文字に置きかえましたが、これからは主に数字を用いることにします。ただし、数字を置きかえると同一になるものは、同じラテン方陣とみなします。次の左図と右図は、同じラテン方陣というわけです。このため（置きかえることで、右図のように）、**1行目**を「0、1、2、……」に統一する（**正規化**する）ことにします。

1の位

0	2	1
2	1	0
1	0	2

0 ⬅➡ 0
2 ⬅➡ 1
1 ⬅➡ 2

0	1	2
1	2	0
2	0	1

　統一された「3の位」と「1の位」のラテン方陣は、2行目と3行目が入れかわっているだけですね。でも行や列を入れかえて同じになっても、2つのラテン方陣を同一とはみなしません。

3の位

0	1	2
2	0	1
1	2	0

≠

1の位

0	1	2
1	2	0
2	0	1

　2つのラテン方陣を同じとみなすのは、あくまでも数字を置きかえると同一になるものだけです。

3の位

1	2	0
0	1	2
2	0	1

＝

0	1	2
2	0	1
1	2	0

1の位

0	2	1
2	1	0
1	0	2

＝

0	1	2
1	2	0
2	0	1

第 2 章 ◆ ラテン方陣とオイラー方陣

◇ **ずらして作るラテン方陣** ◇

　2 次、3 次、4 次、……のラテン方陣を、1 つだけ作るのなら簡
単です。1 つ上の「行」を、左に「1 つ」ずらせばよいのです。
「行」は作り方から当然として、「列」にもそれぞれ 1 回だけ現れ
てきますね。

0	1
1	0

0	1	2
1	2	0
2	0	1

0	1	2	3
1	2	3	0
2	3	0	1
3	0	1	2

それでは左に「2 つ」ずらすと、どうなるのでしょうか。

0	1
0	1

0	1	2
2	0	1
1	2	0

0	1	2	3
2	3	0	1
0	1	2	3
2	3	0	1

　2 次が、2 行目で元の 1 行目に戻るのは当然ですね。でも 4 次
でも、3 行目で元の 1 行目に戻っています。このため 1 列目に
「0」が 2 回も現れてきて、ラテン方陣とはなりません。ラテン方
陣となっているのは、真ん中の 3 次だけです。

　ここからは 4 次、5 次、6 次を、左に「2 つ」ずらして見てみま
しょう。ラテン方陣となるか否かを、（次ページの図の）青い長
方形の「マスの個数」に着目して見てみます。その中の数の並び
を観察するのです。ちなみに青い長方形の横は、「2 つ」ずらすと

61

きは 2 とします。では、縦は何になっているのでしょうか。

0	1	2	3
2	3	0	1
0	1	2	3
2	3	0	1

0	1	2	3	4
2	3	4	0	1
4	0	1	2	3
1	2	3	4	0
3	4	0	1	2
0	1	2	3	4

0	1	2	3	4	5
2	3	4	5	0	1
4	5	0	1	2	3
0	1	2	3	4	5
2	3	4	5	0	1
4	5	0	1	2	3

　4 次では、2×2 の青い正方形の中に「0、1、2、③」が 1 回の 4 ×1 個が出て右下が③となり、「3 行目」で 0 と元に戻っています。途中で元に戻ったので、これはラテン方陣ではありません。ずらした 2 と次数 4 の最小公倍数 2×2＝4×1（＝4）は、青い長方形の「マスの個数」です。青い長方形の縦は（全部の）4 ではなく、（途中の）2 となっています。

　5 次では、2×5 の青い長方形の中に「0、1、2、3、④」が 2 回の 5×2 個が出て右下が④となり、（つけたせば）「6 行目」で 0 と元に戻ります。途中で元に戻らないので、これはラテン方陣です。ずらした 2 と次数 5 の最小公倍数 2×5＝5×2（＝10）は、青い長方形の「マスの個数」です。青い長方形の縦は（全部の）5 です。

　6 次では、2×3 の青い長方形の中に「0、1、2、3、4、⑤」が 1 回の 6×1 個が出て右下が⑤となり、「4 行目」で 0 と元に戻ります。途中で元に戻ったので、これはラテン方陣ではありません。ずらした 2 と次数 6 の最小公倍数 2×3＝6×1（＝6）は、青い長

方形の「マスの個数」です。青い長方形の縦は（全部の）6では
なく（途中の）3です。

　もう十分かもしれませんが、とりあえず「3つ」ずらした場合
も見ておきましょう。

0	1	2	3
3	0	1	2
2	3	0	1
1	2	③	0
0	1	2	3

0	1	2	3	4
3	4	0	1	2
1	2	3	4	0
4	0	1	2	3
2	3	④	0	1
0	1	2	3	4

0	1	2	3	4	5
3	4	⑤	0	1	2
0	1	2	3	4	5
3	4	5	0	1	2
0	1	2	3	4	5
3	4	5	0	1	2

　4次では、3×4の青い長方形の中に「0、1、2、③」が3回の4
×3個が出ています。ずらした3と次数4の最小公倍数は3×4
＝4×3（＝12）なので、青い長方形の縦は（全部の）4となり、
これはラテン方陣です。

　5次では、3×5の青い長方形の中に「0、1、2、3、④」が3回
の5×3個が出ています。ずらした3と次数5の最小公倍数は3
×5＝5×3（＝15）なので、青い長方形の縦は（全部の）5とな
り、これもラテン方陣です。

　6次では、3×2の青い長方形の中で「0、1、2、3、4、⑤」が1
回の6×1個が出ています。ずらした3と次数6の最小公倍数は
3×2＝6×1（＝6）なので、青い長方形の縦は（全部の）6ではな
く（途中の）2となり、これはラテン方陣ではありません。

　もう、これ以上やってみなくても見当がつきましたね。

たとえば「4つ」ずらしたとき、6次ではラテン方陣とはなりません。ずらした4と次数6の最小公倍数は4×3＝6×2（＝12）なので、青い長方形の縦は（全部の）6ではなく（途中の）3となるからです。4×3の青い長方形の中で「0、1、2、3、4、⑤」が2回の6×2個が出てくるのです。

0	1	2	3	4	5
4	5	0	1	2	3
2	3	4	⑤	0	1
0	1	2	3	4	5
4	5	0	1	2	3
2	3	4	5	0	1

6次では、「5つ」ずらせばラテン方陣となります。ずらした5と次数6の最小公倍数は5×6＝6×5＝30なので、青い長方形の縦は（全部の）6となるからです。5×6の青の長方形の中で「0、1、2、3、4、⑤」が5回の6×5個が出て右下が⑤となり、（つけたせば）「7行目」で0と元に戻ります。

0	1	2	3	4	5
5	0	1	2	3	4
4	5	0	1	2	3
3	4	5	0	1	2
2	3	4	5	0	1
1	2	3	4	⑤	0
0	1	2	3	4	5

第2章 ◆ ラテン方陣とオイラー方陣

　それでは、分かったことをまとめておきましょう。

「n 次」のとき、「m 個」（$m < n$）ずらすことにします。

　このときは $m \times \bigcirc$ の青い長方形の中に、「0、1、2、……、$n-1$」の n 個が $\triangle$ 回並ぶことになります。つまり、青い長方形のマスの個数は、$m \times \bigcirc = n \times \triangle$ です。これは「m の$\bigcirc$倍」「n の$\triangle$倍」という m と n の共通の倍数、つまり公倍数です。ちなみに、公倍数は最小公倍数の倍数となっています。

　n と m の最大公約数を d とし、$m = dm'$、$n = dn'$ とします。このとき n と m の最小公倍数は、$m \times n' = dm' \times n' = m' \times dn' = m' \times n$、つまり $m \times n' = n \times m'$ です。

[$d \neq 1$ の場合]

　$m \times n'$ の青の長方形の中で「0、1、2、……、$\boxed{n-1}$」の n 個が m' 回の $n \times m'$ 個が出て右下が $\boxed{n-1}$ となり、「$n'+1$ 行目」で 0 と元に戻ります。ここで $d \neq 1$ から $n' < dn' = n$、つまり $n' < n$ となっています。$n'+1 \leq n$ であることから、途中で戻ってしまいます。つまり、ラテン方陣とはなりません。

[$d = 1$ の場合]

　つまり m と n が「互いに素」の場合で、このとき m と n の最小公倍数は $m \times n$ です。

　この最小公倍数 $m \times n$ の青い長方形の中に「0、1、2、……、$\boxed{n-1}$」の n 個が m 回の $n \times m$ 個が出て右下が $\boxed{n-1}$ となり、（つけたせば）「$n+1$ 行目」で初めて 0 と元に戻ります。つまり、ラテン方陣となります。

65

「n 次」のときに「m 個」($m < n$) ずらすと

　「m、n」が互いに素のとき、ラテン方陣となる

　「m、n」が互いに素でないとき、ラテン方陣とならない

◇ 組み合わせて作るラテン方陣 ◇

　素数 p 次のラテン方陣、つまり 2、3、5、7、11、……の場合を見てみましょう。

　このとき、1、2、……、$p-1$ は p と互いに素です。このため「1 つ」ずらす、「2 つ」ずらす、……、「($p-1$) 個」ずらすという方法で、「($p-1$) 個」のラテン方陣が作られます。

　　　p が素数のとき、

　　　　p 次のラテン方陣が「($p-1$) 個」存在する

　合成数 n 次のラテン方陣、つまり 4、6、8、9、10、12、……の場合は、(ずらす方法の他に) 別の作成法があります。魔方陣のときと同様に (p40 参照)、組み合わせて作るのです。

　たとえば 4 次のラテン方陣の場合は、4 = 2×2 から 2 次のラテン方陣を 2 個用いて作ります。このとき用いる 2 個が、異なっている必要はありません。そもそも 2 次のラテン方陣は、1 通りしかないのです。

第 2 章 ◆ ラテン方陣とオイラー方陣

次の左と右は、同じラテン方陣です。

A	B
B	A

0	1
1	0

魔方陣のときと同じ要領で、次のような 4 次のラテン方陣が作られます。

A0	A1	B0	B1
A1	A0	B1	B0
B0	B1	A0	A1
B1	B0	A1	A0

A0 ⇨ 0
A1 ⇨ 1
B0 ⇨ 2
B1 ⇨ 3

0	1	2	3
1	0	3	2
2	3	0	1
3	2	1	0

6 次のラテン方陣の場合は、6 = 2 × 3 から 2 次のラテン方陣と 3 次のラテン方陣を用いて作ります。

A	B
B	A

0	1	2
1	2	0
2	0	1

上のラテン方陣は、どちらも「1 つ」ずらして作ったものです。これらを組み合わせて作ったのが、次の 6 次のラテン方陣です。

A0	A1	A2	B0	B1	B2
A1	A2	A0	B1	B2	B0
A2	A0	A1	B2	B0	B1
B0	B1	B2	A0	A1	A2
B1	B2	B0	A1	A2	A0
B2	B0	B1	A2	A0	A1

A0 ⇨ 0
A1 ⇨ 1
A2 ⇨ 2
B0 ⇨ 3
B1 ⇨ 4
B2 ⇨ 5

0	1	2	3	4	5
1	2	0	4	5	3
2	0	1	5	3	4
3	4	5	0	1	2
4	5	3	1	2	0
5	3	4	2	0	1

0A	0B	1A	1B	2A	2B
0B	0A	1B	1A	2B	2A
1A	1B	2A	2B	0A	0B
1B	1A	2B	2A	0B	0A
2A	2B	0A	0B	1A	1B
2B	2A	0B	0A	1B	1A

0A ⇨ 0
0B ⇨ 1
1A ⇨ 2
1B ⇨ 3
2A ⇨ 4
2B ⇨ 5

0	1	2	3	4	5
1	0	3	2	5	4
2	3	4	5	0	1
3	2	5	4	1	0
4	5	0	1	2	3
5	4	1	0	3	2

3次のラテン方陣は、「2つ」ずらしても作られましたね。

A	B
B	A

0	1	2
2	0	1
1	2	0

これらを用いると、今度は次のような6次のラテン方陣が作られます。

A0	A1	A2	B0	B1	B2
A2	A0	A1	B2	B0	B1
A1	A2	A0	B1	B2	B0
B0	B1	B2	A0	A1	A2
B2	B0	B1	A2	A0	A1
B1	B2	B0	A1	A2	A0

A0 ⇒ 0
A1 ⇒ 1
A2 ⇒ 2
B0 ⇒ 3
B1 ⇒ 4
B2 ⇒ 5

0	1	2	3	4	5
2	0	1	5	3	4
1	2	0	4	5	3
3	4	5	0	1	2
5	3	4	2	0	1
4	5	3	1	2	0

0A	0B	1A	1B	2A	2B
0B	0A	1B	1A	2B	2A
2A	2B	0A	0B	1A	1B
2B	2A	0B	0A	1B	1A
1A	1B	2A	2B	0A	0B
1B	1A	2B	2A	0B	0A

0A ⇒ 0
0B ⇒ 1
1A ⇒ 2
1B ⇒ 3
2A ⇒ 4
2B ⇒ 5

0	1	2	3	4	5
1	0	3	2	5	4
4	5	0	1	2	3
5	4	1	0	3	2
2	3	4	5	0	1
3	2	5	4	1	0

　じつはラテン方陣は、ずらしたり組み合わせたりする方法の他に、とても興味深い作成法が知られています。それは n 次のラテン方陣の n が、次のような場合です。

$$2、\quad 3、\quad 4、\quad 5、\quad 7、\quad 8、\quad 9、$$
$$11、13、16、17、19、23、25、\cdots\cdots$$

$n = p^m$（p は素数）、つまりガロアが発見した「有限体」が存在する場合ですね。

$n = p^m$ （p は素数）の場合は、有限幾何を用いてラテン方陣が作られるのです。もっとも、この有限幾何を用いる方法が威力を発揮するのは、ラテン方陣というよりも、むしろ次節のオイラー方陣です。これについては、次章で見ていくことにしましょう。

第2章 ◆ ラテン方陣とオイラー方陣

4 オイラー方陣

◇ **オイラー方陣** ◇

オイラー方陣も、じつはこれまでに目にしています。次は**3次**のオイラー方陣（**次数3**のオイラー方陣）です。（p32 参照）

10	22	01
02	11	20
21	00	12

これは次の2つのラテン方陣を重ね合わせたもので、そもそも3進法で表した「異なる数」でしたね。

3の位

1	2	0
0	1	2
2	0	1

1の位

0	2	1
2	1	0
1	0	2

重ね合わせると、「3の位○」と「1の位△」を組み合わせた3×3＝9個の「対○△」（00、01、02、……）が1回ずつ全部出てきます。ちなみに順序が異なる「01」「10」は別々の対です。

2つのラテン方陣を重ね合わせたとき、出てきた「対」がすべて異なっていたら、この2つのラテン方陣は互いに「**直交する**」と呼ばれています。互いに直交するラテン方陣を重ね合わせたものが、**オイラー方陣**です。

71

ラテン方陣の1行目を「0、1、2、……」に統一（正規化）すると、オイラー方陣の1行目は「00、11、22、……」に統一されます。オイラー方陣であるからには、2行目以降に「00、11、22、……」が現れることはありません。

0	1	2
2	0	1
1	2	0

0	1	2
1	2	0
2	0	1

00	11	22
21	02	10
12	20	01

0	1	2
1	2	0
2	0	1

0	1	2
2	0	1
1	2	0

00	11	22
12	20	01
21	02	10

「互いに」という言葉が示すように、左右を入れかえることで直交性が変わることはありません。今後は重ね合わせたとき、一方のオイラー方陣のみを記すことにします。

◇ 互いに直交するラテン方陣 ◇

オイラー方陣を作るには、互いに直交するラテン方陣が2つ必要です。2つ存在するかどうかは難しくても、多くてもいくつかは簡単に分かります。次のことがいえるのです。

どの2つも互いに直交するような「n次」のラテン方陣は、最大でも「$(n-1)$個」しか存在しない。

このことを、4次のラテン方陣を例にして見てみましょう。1行目は「0、1、2、3」に統一（正規化）しておきます。

[1つ目]

0	1	2	3
x			

[2つ目]

0	1	2	3
y			

[3つ目]   ……

0	1	2	3
z			

……

　上のラテン方陣のどの2つも、互いに直交しているとします。

　まず、どの2つのラテン方陣を重ねても、オイラー方陣の1行目は「00、11、22、33」となり、これらはもう出てくることはありません。

　そこで、「2行1列」の数に着目します。

　まず［1つ目］の x は、ラテン方陣であるからには、0ではありません。このため x の可能性は、1、2、3の3通りです。

　次に［2つ目］の y も0ではありませんが、さらに x とも異なります。［1つ目］と［2つ目］を重ねて「xx」が出てきたのでは、「11、22、33」のどれかが2回出てきてしまうからです。y の可能性は1、2、3から x を除いた2通りです。

　最後に［3つ目］の z も0ではありませんが、さらに x とも y とも異なります。［1つ目］と［3つ目］を重ねて「xx」が出ても、［2つ目］と［3つ目］を重ねて「yy」が出ても、「11、22、33」のどれかが2回出てきてしまうからです。z の可能性は1、2、3から x と y を除いた1通りです。

もう［4つ目］のラテン方陣を考える必要はありません。これ以上「2行1列」の数の可能性が残されていないからです。

　結局のところ、どの2つも互いに直交するような4次のラテン方陣は、最大でも3つしかありえません。

　同様に考えれば、どの2つも互いに直交するような n 次のラテン方陣は、最大でも $(n-1)$ 個しか存在しないことが分かります。

　オイラー方陣は、**ギリシア・ラテン方陣**とも呼ばれています。**オイラー**（L.Euler）が、一方にはラテン文字（A、B、C、……）を、もう一方にはギリシア文字（α、β、γ、……）を用いたことから、こう呼ばれるようになったのです。

A	B	C
C	A	B
B	C	A

α	β	γ
β	γ	α
γ	α	β

Aα	Bβ	Cγ
Cβ	Aγ	Bα
Bγ	Cα	Aβ

　そのオイラーが提起したのが、次の「**オイラーの36士官問題**」です。

オイラーの36士官問題

　6連隊の各隊から、6階級の士官を1人ずつ集めて、6行6列の隊列を作る。どの行と列にも、各隊と各階級が1人ずつ入るように、36士官を並べることが出来るか。

　これは、6次のオイラー方陣の存在を問う問題です。もちろんオイラー自身は、（試行錯誤の末？）不可能だと信じていまし

第2章 ◆ ラテン方陣とオイラー方陣

た。ここで止めておけばよかったのですが、オイラーは大胆にも一歩踏み出したのです。$n = 4k + 2$（$k \geqq 2$）の場合、つまり $n = 2 \times (2k + 1)$ の「$2 \times$（奇数）」の場合も、n 次のオイラー方陣は存在しないだろうと予想したのです。それはオイラーの死の前年の1782 年のことでした。

結論をいうと、確かに 6 次のオイラー方陣は存在しませんでした。このことは、タリー（G.Tarry）が 9000 通りともいわれる場合をしらみつぶしに調べて確かめたのです。1900 年頃のことです。

その後は、$n = 4k + 2$（$k \geqq 2$）の場合も存在しないだろうと信じられてきました。何しろ偉大なオイラーの予想です。このため、おそらく存在しないだろうという前提の下で、その理由を模索し続けてきたのです。

ところが 1960 年になって、ボーズ（R.C.Bose）、シュリクハンド（S.S.Shrikhande）、パーカー（E.T.Parker）により、$n = 2$、6 の場合を除けば、n 次のオイラー方陣は存在すると証明されてしまったのです。互いに直交するラテン方陣が、少なくとも 2 つは存在するということです。このことは、世界中に驚きをもたらしました。何と『ニューヨーク・タイムズ』紙の一面で取り上げられたほどです。

> $n \neq 2$、6 のとき、n 次のオイラー方陣は存在する
>
> > 互いに直交する n 次のラテン方陣
> > が少なくとも 2 つは存在する

ちなみにこの解決法は、実際にオイラー方陣を作ったわけではありませんでした。どの2つも互いに直交するラテン方陣の最大数を研究する中で、その最大数が2以上であることを示したのです。

　直交するラテン方陣が2つ存在すれば、これからオイラー方陣が作られます。実際にどんなものかはさておき、まずはその存在が先に確定したというわけです。

　オイラーの予想は、6次の場合は正しかったのですが、追加分はくつがえされてしまったのです。

◇ オイラー方陣の存在 ◇

　本書では、オイラー方陣を1つ作って満足することにします。
　まず、2次のオイラー方陣は存在しません。
　2次のラテン方陣は、明らかに1個しか存在しないからです。同じラテン方陣からは、オイラー方陣は作られません。

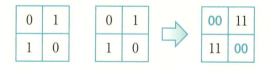

　3次のオイラー方陣は、すでに見てみました。

　4次のオイラー方陣はどうでしょうか。ずらして作る方法では、次の2つのラテン方陣が見つかっています。ずらしたのは「1つ」と「3つ」で、1も3も「4と互いに素」です。

第 2 章 ◆ ラテン方陣とオイラー方陣

0	1	2	3
1	2	3	0
2	3	0	1
3	0	1	2

0	1	2	3
3	0	1	2
2	3	0	1
1	2	3	0

　この 2 つのラテン方陣を重ね合わせると、たとえば「00」が 2 つ出てきます。上の 2 つのラテン方陣は直交していないのです。ここで 1 と 3 の「差」②は、次数 4 と「互いに素」ではありません。（p85 参照）

00	11	22	33
13	20	31	02
22	33	00	11
31	02	13	20

　それでは、組み合わせて作ったラテン方陣とではどうでしょうか。左が組み合わせた方です。（p67 参照）

0	1	2	3
1	0	3	2
2	3	0	1
3	2	1	0

0	1	2	3
1	2	3	0
2	3	0	1
3	0	1	2

0	1	2	3
1	0	3	2
2	3	0	1
3	2	1	0

0	1	2	3
3	0	1	2
2	3	0	1
1	2	3	0

　重ね合わせれば、やはり「00」が2つ出てきますね。

　ここで確認したことは、あくまでもこれらのラテン方陣からはオイラー方陣が作られないというだけの話です。じつは4次のオイラー方陣は存在します。オイラーだって、4次など歯牙にもかけていませんでした。互いに直交する4次のラテン方陣なら、オイラーも見つけていたということです。次章では、ガロアが発見した有限体を用いて、4次のオイラー方陣を作っていきましょう。(p109参照)

◇ 「奇数次」のオイラー方陣 ◇ ━━━━━━

「奇数次」のオイラー方陣はいつでも存在します。これから、このことを見ていきましょう。

　まず、「1と奇数」、「2と奇数」は互いに素です。どんな(3以上の)奇数でも、「1と奇数」、「2と奇数」の最大公約数dは、d=1なのです。

　このためどんな「奇数次」でも、「1つ」と「2つ」ずらすことで、ラテン方陣が2個作られます。しかも、この2つのラテン方陣は互いに直交しているのです。

第2章 ◆ ラテン方陣とオイラー方陣

　このことを、5次を例にして確認してみましょう。見やすさのため、「1つ」ずらした方は（文字通りの）ラテン方陣とします。

A	B	C	D	E
B	C	D	E	A
C	D	E	A	B
D	E	A	B	C
E	A	B	C	D

0	1	2	3	4
2	3	4	0	1
4	0	1	2	3
1	2	3	4	0
3	4	0	1	2

　この2つのラテン方陣を重ね合わせると、次のようになります。

A0	B1	C2	D3	E4
B2	C3	D4	E0	A1
C4	D0	E1	A2	B3
D1	E2	A3	B4	C0
E3	A4	B0	C1	D2

　さてこの中に、同じ「対」が2つ出てくる可能性はあるのでしょうか。

　まず、ラテン文字は「1つ」、数字は「2つ」ずらしましたが、この1と2の「差」①に着目します。

　まず「A」に着目して見ていくと、「対」となる数は1行下がるごとに、「差」の①だけ大きくなります。1行目の「A0」は、2行

79

目では「A1」、3行目では「A2」、4行目では「A3」、5行目では「A4」となるのです。このため、同じ「A□」が2つ出てくる心配はありません。

このことは「C」に着目しても同様です。1行目の「C2」は、2行目では「C3」、3行目では「C4」、4行目では（①×3+2=0となり）「C0」、5行目では「C1」となります。「C□」の□は、「0、1、2、3、4」が並べかわるだけです。

もちろん他の「B」「D」「E」に着目しても同様です。「対」の相手が並べかわり、オイラー方陣となるのです。

このことは「5次」に限らず、すべての「奇数次」で同様です。「1つ」と「2つ」ずらしたラテン方陣から、オイラー方陣が作られるのです。

◇ 4×3次のオイラー方陣 ◇

「偶数次」のオイラー方陣も、じつは2次と6次の他は存在します。でも、オイラーが問題とした $n=4k+2=2\times(2k+1)$ $(k\geqq2)$ つまり「2×（奇数）次」の場合は、さすがに難しいのです。

そこで「2×（奇数）次」ではなく、「4×（奇数）次」を見てみましょう。例として、「4×3次」のオイラー方陣を作ってみますが、長々とした説明を追う前に、一度自分で作ってみることをお勧めします。

まずは、3次と4次のオイラー方陣を用意します。それぞれ2個の互いに直交するラテン方陣を重ねたものです。（4次については p113 参照）

80

第2章 ◆ ラテン方陣とオイラー方陣

A	B	C
C	A	B
B	C	A

A	B	C
B	C	A
C	A	B

⇒

AA	BB	CC
CB	AC	BA
BC	CA	AB

0	1	2	3
2	3	0	1
3	2	1	0
1	0	3	2

0	1	2	3
3	2	1	0
1	0	3	2
2	3	0	1

⇒

00	11	22	33
23	32	01	10
31	20	13	02
12	03	30	21

この3次と4次のオイラー方陣を組み合わせて、4×3次のオイラー方陣を作ります。具体的には、次の通りです。

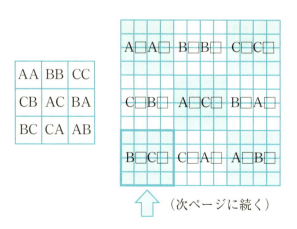

（次ページに続く）

(前ページより続く)

B0C0	B1C1	B2C2	B3C3
B2C3	B3C2	B0C1	B1C0
B3C1	B2C0	B1C3	B0C2
B1C2	B0C3	B3C0	B2C1

00	11	22	33
23	32	01	10
31	20	13	02
12	03	30	21

　この作り方は、あらかじめ組み合わせてラテン方陣を作っておき、これらを重ね合わせるというものです。

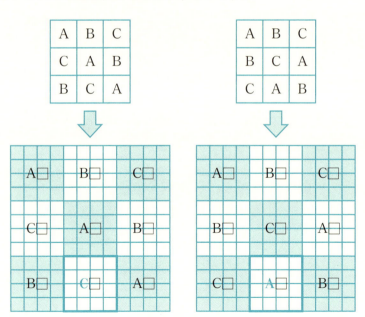

第2章 ◆ ラテン方陣とオイラー方陣

0	1	2	3
2	3	0	1
3	2	1	0
1	0	3	2

0	1	2	3
3	2	1	0
1	0	3	2
2	3	0	1

　ここでは説明のために、出来上がった「A0、A1、……、C3」を「0、1、……、11」に置きかえず、あえてこのままとします。

　問題は、前ページ下の2つの4×3次のラテン方陣が、互いに直交するか否かですね。つまり重ね合わせた方陣に、同じものが2つ現れるかどうかです。

　たとえば「C3A2」が2つ現れる可能性はあるのでしょうか。3次のラテン方陣が直交しているからには「CA」は1回しか現れず、「C3A2」が現れる可能性は「C□A□」の部分に限られます。

　しかも4次のラテン方陣も直交しているからには、「□□」に「32」が現れる可能性は1つだけに限られます。結局のところ「C3A2」が現れる箇所は1カ所に特定され、2つ現れる可能性はないのです。

　これは「C3A2」に限ったことではなく、他も同様です。つまり重ね合わせた方陣は、オイラー方陣ということです。

83

◇ n 次のオイラー方陣 ◇

n が奇数のときは、いつでも「n 次のオイラー方陣」が存在します。（p78 参照）

では、n が偶数のときはどうでしょうか。

$n=4$ の「4 次のオイラー方陣」（p81 参照）は、結果だけ先に見てみました。その作り方は次章で見ていきますが（p109 参照）、じつはガロアが発見した有限体を用います。

$n=8$ の「8 次のオイラー方陣」も次章で作っていきますが、（p118 参照）同じくガロアが発見した有限体を用います。

$n=16=4\times4$ の「16 次のオイラー方陣」は、4 次のオイラー方陣から、（p80 と同様に）組み合わせて作ることが出来ます。

$n=32=4\times8$ の「32 次のオイラー方陣」も、「4 次のオイラー方陣」と「8 次のオイラー方陣」から、組み合わせて作られます。

$n=2^m=4\times2^{m-2}$（$m\geqq6$）の「2^m 次のオイラー方陣」も、「4 次のオイラー方陣」と「2^{m-2} 次のオイラー方陣」（$m-2\geqq4$）から、組み合わせて次々に作っていくことが出来ます。

さらには $n=2^m\times$（奇数）（$m\geqq2$）の「n 次のオイラー方陣」も、「2^m 次のオイラー方陣」と「（奇数）次のオイラー方陣」から、組み合わせて作っていけます。

結局のところ「n 次のオイラー方陣」で難しいのは、オイラーが見抜いたように、じつは $n=4k+2=2\times(2k+1)$（$k\geqq2$）の「2 ×（奇数）次」の場合ということです。（p75 参照）

第2章 • ラテン方陣とオイラー方陣

◇ **互いに直交するラテン方陣の個数** ◇ ▬▬▬▬

p を**素数**としたとき、p 次のラテン方陣は、「1 つ」ずらす、「2 つ」ずらす、……、「$(p-1)$ 個」ずらすといった具合で、少なくとも $(p-1)$ 個作られます。1、2、……、$(p-1)$ は p と互いに素なのです。

たとえば 5 次のラテン方陣なら、「1 つ」ずらす、「2 つ」ずらす、「3 つ」ずらす、「4 つ」ずらして作られます。少なくとも 4 個あるということです。

0	1	2	3	4
1	2	3	4	0
2	3	4	0	1
3	4	0	1	2
4	0	1	2	3

0	1	2	3	4
2	3	4	0	1
4	0	1	2	3
1	2	3	4	0
3	4	0	1	2

0	1	2	3	4
3	4	0	1	2
1	2	3	4	0
4	0	1	2	3
2	3	4	0	1

0	1	2	3	4
4	0	1	2	3
3	4	0	1	2
2	3	4	0	1
1	2	3	4	0

じつはこれら 4 個のラテン方陣は、どの 2 つも互いに直交しています。「1 つ」と「2 つ」ずらしたラテン方陣が直交していることは、すでに確認しました。（p79 参照）これを「1 つ」と「3 つ」にしたところで、その「差」が ② となるだけです。「差」の ② は

85

次数 5 と「互いに素」なので、「対」の相手が並べかわるのです。

じつはオイラーの予想は、どの 2 つも互いに直交するラテン方陣の最大数を研究する中で解決しました。

それでは 5 次のラテン方陣では、その最大数はいくつなのでしょうか。すでに「4 個」のラテン方陣が互いに直交しています。ところが p72 で見たように、どの 2 つも互いに直交するラテン方陣の最大数は、5 次では 5−1＝「4 個」以下です。こうなると、その最大数は、ちょうど「4 個」ということになります。

素数 p 次のラテン方陣は、「1 つ」ずらす、「2 つ」ずらす、……、「$(p-1)$ 個」ずらす、という方法で作られた「$(p-1)$ 個」が互いに直交しています。最大でも「$(p-1)$ 個」以下で、すでに「$(p-1)$ 個」あるのです。こうなると、まさしくその「$(p-1)$ 個」が、素数 p 次での互いに直交するラテン方陣の最大数ということになります。

じつは、その最大数がちょうど「$(n-1)$ 個」となるのは、n が素数 p のときだけではありません。素数 p の累乗（べき乗）、つまり次数 n が p^m のときも、次章で見ていくように「(p^m-1) 個」の互いに直交するラテン方陣が作られます。つまり、同様に次がいえることになります。ちなみにこの $n=p^m$（p は素数）は、ガロアが発見した有限体が存在する場合です。

$n=p^m$（p は素数）のとき、

互いに直交する n 次ラテン方陣は、ちょうど $(n-1)$ 個

第2章 ◆ ラテン方陣とオイラー方陣

どの2つも互いに直交する $(n-1)$ 個の n 次ラテン方陣は、**n 次ラテン方陣の完全直交系**と呼ばれています。

【未解決問題】n 次ラテン方陣の完全直交系が存在するような n（$\geqq 3$）をすべて求めよ。

すべてではなく一部でよいなら、その中には $n = p^m$（p は素数）が含まれるということです。

◇ **2×5次のオイラー方陣** ◇

どの2つも互いに直交する n 次ラテン方陣の最大数を研究する中で、$n \neq 2$、6 の場合の最大数は2以上である、という形でオイラーの予想が解決しました。まずは存在が示されたのですが、その後実際に互いに直交するラテン方陣が作られました。つまり、その2つの直交するラテン方陣から、オイラー方陣が作られたのです。

最後に $n = 4k + 2 = 2 \times (2k + 1)$（$k \geqq 2$）つまり「2×（奇数）」の中の、「2×5」（$k = 2$）の場合を紹介しましょう。（次ページのラテン方陣は参考文献［3］より引用）

1つ目のラテン方陣は次の通りです。これは「10 = 3 + 7 = 3 + (1 + 2×3)」を利用しています。（このラテン方陣は、1行目が「0、1、2、3、4、5、6、7、8、9」に統一（正規化）されていません。必要なら「9→4、8→5、…」と置きかえてください。）

87

0	1	2	3	9	8	7	6	5	4
7	2	3	4	5	9	8	1	0	6
8	7	4	5	6	0	9	3	2	1
9	8	7	6	0	1	2	5	4	3
4	9	8	7	1	2	3	0	6	5
5	6	9	8	7	3	4	2	1	0
6	0	1	9	8	7	5	4	3	2
1	3	5	0	2	4	6	7	8	9
2	4	6	1	3	5	0	8	9	7
3	5	0	2	4	6	1	9	7	8

　これに直交する2つ目のラテン方陣は、次の通りです。右下の他は、「i行j列」が先ほどの「j行i列」となっています。（こちらも、必要なら「7→1、8→2、…」と置きかえてください。）

0	7	8	9	4	5	6	1	2	3
1	2	7	8	9	6	0	3	4	5
2	3	4	7	8	9	1	5	6	0
3	4	5	6	7	8	9	0	1	2
9	5	6	0	1	7	8	2	3	4
8	9	0	1	2	3	7	4	5	6
7	8	9	2	3	4	5	6	0	1
6	1	3	5	0	2	4	7	8	9
5	0	2	4	6	1	3	9	7	8
4	6	1	3	5	0	2	8	9	7

第2章 ◆ ラテン方陣とオイラー方陣

　じつは、$n = 4k + 2$（$k \geqq 2$）の k を3で割った余り（$k = 3m$、$3m$ + 1、$3m + 2$）に応じて、それぞれ互いに直交する2つのラテン方陣が具体的に作られています。つまりは $n = 4k + 2$（$k \geqq 2$）のときも、それらのラテン方陣から n 次のオイラー方陣が具体的に作られるということです。（参考文献［3］参照）

オイラー方陣が作られないのは、2次と6次だけ

コラム III トランプでオイラー方陣

　トランプといっても、某国大統領のことではありません。カードのトランプのことです。

　「♥♣♦♠」の「AJQK」を取り出して、この4×4枚でオイラー方陣を作ってみましょう。どの「行」「列」にも「♥♣♦♠」「AJQK」が出てくるように並べるのです。ただし、「1行目」は「♥A、♣J、♦Q、♠K」に統一します。

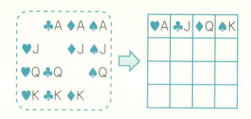

　オイラー方陣は、2つの互いに直交するラテン方陣から作られます。4次の互いに直交するラテン方陣は、$4=2^2$（素数2の2乗）なので、ちょうど $2^2-1=3$ 個あります。そのうちの2つはすでに結果だけ見てみました。(p81参照)

　これから作られるオイラー方陣ですが、ラテン方陣の一方を「♥♣♦♠」、他方を「AJQK」に置きかえると、次のようになります。

　ここでは一方だけでなく、ラテン方陣の左右を入れかえて重ねた方も見てみます。

第 2 章 ◆ ラテン方陣とオイラー方陣

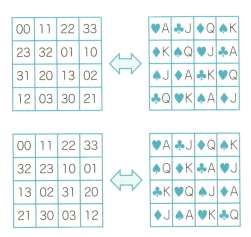

他にもオイラー方陣が見つかったら、逆に「♥♣♦♠」と「AJQK」に分けてラテン方陣を作り、さらに「0、1、2、3」に直してみてください。

p81 のラテン方陣のどちらにも直交する、(残り 1 つの) ラテン方陣が見つかるでしょうか。

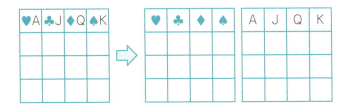

「四」+「九」+「五」= 0
「六」+「九」+「三」= 0
「二」+「九」+「七」= 0
「一」+「九」+「八」= 0
（和は「9で割った余り」）

平成30年（2018年）

第3章
オイラー方陣と有限幾何

3個のラテン方陣を作って、この中のどの2つを重ねても、「00、01、……、33」の16個が出てくるようにするのさ。ヒントは「平行でない2直線は1点だけで交わる」ことだよ。

0	1	2	3

0	1	2	3

0	1	2	3

00	11	22	33

それって本当にヒントなの？この問題と何の関係があるっていうの！

(答はp112参照)

5 2直線の交点

◇ 2直線の交点 ◇

いよいよガロアが発見した「有限体」の出番です。

$n=4$ の「4次のオイラー方陣」は、ずらしたり、組み合わせたりしたラテン方陣からは作られませんでした。p81 では結果だけを記しましたが、今回はいよいよその具体的な作り方です。

そのオイラー方陣の作成法ですが、「(平面上の) 平行でない2直線は1点だけで交わる」ことを利用します。ここでは2直線というとき、その2直線は一致していないとします。さらに (平面上で)「平行」とは、交わっていないこととします。つまりこの主張のポイントは、「1点だけ」ということにあります。

2つのラテン方陣を重ね合わせたとき、すべての組み合わせが「1回だけ」出てくる、つまり互いに直交しているものがオイラー方陣です。結論からいうと、これを作るのに「一連の平行な直線」と「一連の平行な直線」がそれぞれ「1点だけ」で交わることを利用するのです。

直線は、$ax+by+c=0$ ($a \neq 0$ または $b \neq 0$) という式を満たす点 (x, y) の集まりです。通常は、次のように表します。($y=ax+b$ の a、b は、改めて置いたものです。)

$$b \neq 0 \quad \text{のとき} \quad y=ax+b$$
$$(a=0 \quad \text{のとき} \quad y=h)$$
$$b=0 \quad \text{のとき} \quad x=k$$

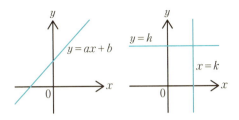

さて、2直線の交点を求めるとき、連立方程式を解きましたね。交点は、両方の式を満たす点 (x, y) だからです。

たとえば、$y = 5x - 1$ と $y = 2x + 1$ の交点は、次のようにして求めました。

$$\begin{cases} y = 5x - 1 & \cdots ① \\ y = 2x + 1 & \cdots ② \end{cases}$$

①②より

$$5x - 1 = 2x + 1 \quad \cdots ③$$

$$3x = 2 \quad \cdots ④$$

$$x = \frac{2}{3}$$

②に代入して

$$y = 2 \times \frac{2}{3} + 1$$

$$= \frac{7}{3}$$

$$\left(\frac{2}{3}, \frac{7}{3} \right)$$

見ての通り、交点を求めるのに加減乗除を用いています。

ここで注目すべきは式④です。3に何をかけたら2となるか、つまり「割り算 2÷3」を行っています。このとき「3をかけたら2となる数 x」が「存在する」ことが重要です。

他にも、注目すべきことがあります。③の1次方程式を解くと、（2次方程式とは異なり）解は「1個」しか出てきません。このため、交点は「1個」だけとなるのです。

これらのことは当たり前だと思われがちです。でも加減乗除が出来る「体」が必要となってくる、とても重要なことなのです。

◇ **有限幾何** ◇ ───────────────

2次のオイラー方陣は存在しません。2次のラテン方陣は1個しか存在しないからです。

まずはそのラテン方陣を、幾何を用いて作ってみましょう。

ただし、これから用いるのは有限幾何です。「点」も「直線」も有限個しかない幾何です。

まず点 (x, y) の x、y ですが、数は「0、1」の2個だけとします。直線は、その点 (x, y) の集まりです。$y = ax + b$、$x = k$、$y = h$ といった式を満たす点の集まりですが、ここでも a、b、k、h は「0、1」のどちらかとします。

交点を求めるとき、「0、1」の加減乗除を行います。引き算はたし算の逆、割り算はかけ算の逆ということで、まずは「0、1」のたし算、かけ算のやり方を決めておきます。その決め方ですが、通常通り和と積を求めて、さらに「2で割った余り」とします。

和	0	1
0	0	1
1	1	0

積	0	1
0	0	0
1	0	1

ちなみに0−1=−1となって、「0、1」の中では引き算が出来ない……、と心配かもしれませんね。大丈夫です。じつは−1=1です。−1を「2で割った余り」は1です。−1=(−1)×2+1から、−1÷2の商は−1で余りは1なのです。0−1=1と、しっかり引き算が出来ますね。

これから見ていくのは、2つの元からなる 有限体 $F_2 = \{0, 1\} = Z/2Z$（2で割った余り）上の（平面）幾何です。

それでは、まず「点」と「直線」を見てみましょう。

「点」は「$(0, 0)$、$(0, 1)$、$(1, 0)$、$(1, 1)$」の 4 個です。

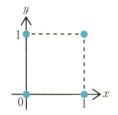

「直線」は、次の 6 本です。式だけ見ると普通の直線のようですが、その上に点は 2 個しかありません。図では（見た目で）直線と認識できるように、点と点を結んでいます。

$$x = 0 \quad \leftrightarrow \quad \{(0, 0), (0, 1)\}$$
$$x = 1 \quad \leftrightarrow \quad \{(1, 0), (1, 1)\}$$
$$y = 0 \quad \leftrightarrow \quad \{(0, 0), (1, 0)\}$$
$$y = 1 \quad \leftrightarrow \quad \{(0, 1), (1, 1)\}$$
$$y = 1x + 0 \quad \leftrightarrow \quad \{(0, 0), (1, 1)\}$$
$$y = 1x + 1 \quad \leftrightarrow \quad \{(0, 1), (1, 0)\}$$

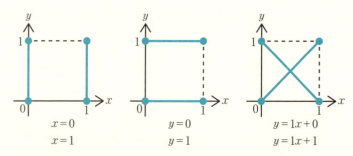

上図は平行な2直線ずつを並べていますが、右の $y=1x+0$ と $y=1x+1$ は平行に見えないかもしれませんね。でも Z／2Z では「$-1=1$」なのです。それに平行とは、交わらないことでしたね。

そうはいっても、$y=1x+0$ と $y=1x+1$ は交わっている……、と心配かもしれませんね。でも、それは気のせいです。そこ（線の重なった所）に点はありません。見えている線は、あくまでも便宜上つないだだけで、「直線」の実体ではないのです。「直線」の実体は、あくまでもその上の2個の点の集まりです。

次の図はどちらも、この **4個** の点と **6本** の直線の関係を表したものです。右の図は、どの直線とどの直線が平行か、つまり交わっていないかが歴然ですね。次章の魔円陣では、この図に点と直線をつけ加えた（有限）射影平面を用います。再び登場する図なので、それまで記憶に留めておいてくださいね。（p143参照）

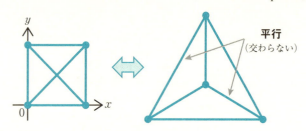

第3章 ◆ オイラー方陣と有限幾何

◇ **2次のラテン方陣** ◇

平行な直線「$x=0$、$x=1$」を見てみましょう。

x\\y	0	1		
0	ℓ_0	ℓ_0	$[\ell_0]$	$x=0$
1	ℓ_1	ℓ_1	$[\ell_1]$	$x=1$

上の表の中には、直線 ℓ_0 も直線 ℓ_1 も **2回** 現れていますね。直線 ℓ_0（$x=0$）の x、y を見てみると、$(x, y) = ($**0, 0**$)$、$($**0, 1**$)$ です。直線 ℓ_0 はこの **2点** を通っているのです。（直線 ℓ_0 はこの2点の集まりです。）直線 ℓ_1（$x=1$）についても同様です。2点の集まりなので2回現れるのです。

さて、この平行な直線「$x=0$、$x=1$」からは、ラテン方陣は作られません。右図は「ℓ_0」を「0」、「ℓ_1」を「1」にしたものです。

x\\y	0	1
0	ℓ_0	ℓ_0
1	ℓ_1	ℓ_1

⟺

0	0
1	1

さらに、平行な直線「$y=0$、$y=1$」からも、ラテン方陣は作られません。

x\\y	0	1		
0	ℓ_0	ℓ_1	$[\ell_0]$	$y=0$
1	ℓ_0	ℓ_1	$[\ell_1]$	$y=1$

⟺

0	1
0	1

99

でも、平行な直線「$y = 1x + 0$、$y = 1x + 1$」からは、ラテン方陣が作られます。

x \ y	0	1
0	ℓ_0	ℓ_1
1	ℓ_1	ℓ_0

$[\ell_0]$　$y = 1x + 0$　$\Longleftrightarrow$

$[\ell_1]$　$y = 1x + 1$

0	1
1	0

上の表ですが、向かって横に作っていきます。1行目は$x = 0$をℓ_0、ℓ_1の順に代入してyを計算し、そのyの値の下のマスにℓ_0、ℓ_1を書き込みます。2行目も同様で、$x = 1$を代入します。計算はZ／2Z（2で割った余り）で行います。「2＝0」です。

これでラテン方陣が1個作られました。もっともラテン方陣は2個ないと、オイラー方陣が作られませんね。もとより2次のオイラー方陣など、そもそも存在しようがありません。

◇ **3次のオイラー方陣** ◇

3次のオイラー方陣は存在します。互いに直交する3次のラテン方陣が、じつは3－1＝2個存在するのです。

これからその2個のラテン方陣を、3つの元からなる有限体F_3＝{0, 1, 2}＝Z／3Z（3で割った余り）上の（平面）幾何を用いて作っていきましょう。

ちなみに2次では「0、1」だったのが、3次になると「0、1、2」となります。たとえば点(x, y)のx、yは、「0、1、2」となってきます。

100

「点」は3×3=9個あります。

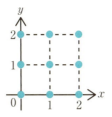

「直線」は$x=k$、$y=h$、$y=1x+b$、$y=2x+b$（k、h、bは「0、1、2」）がそれぞれ3本ずつで、全部で4×3=12本あります。

それでは、3次のラテン方陣を見ていきましょう。

ちなみに、平行な直線「$x=0$、$x=1$、$x=2$」や平行な直線「$y=0$、$y=1$、$y=2$」からは、ラテン方陣は作られません。

《1つ目》のラテン方陣は、平行な直線「$y=1x+0$、$y=1x+1$、$y=1x+2$」から作ります。

《基準表》

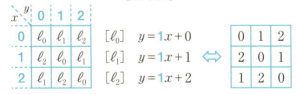

表は向かって横に作っていきます。1行目は$x=0$をℓ_0、ℓ_1、ℓ_2に代入してyを計算し、そのyの値の下のマスにℓ_0、ℓ_1、ℓ_2を書き込みます。同様に、2行目は$x=1$を、3行目は$x=2$を代入します。計算はZ／3Z（3で割った余り）で行います。「3＝0」で

す。この $y=1x+b$ から出てきた表を、ここでは「**基準表**」と呼ぶことにします。

《2つ目》のラテン方陣は、平行な直線「$y=2x+0$、$y=2x+1$、$y=2x+2$」から作ります。

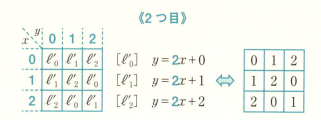

2行目（$x=1$ を代入）は、$2\times1=2$ となるため、基準表の3行目（$x=2$ を代入）を写します。3行目（$x=2$ を代入）は、$2\times2=4=1$（3で割った余り）となるため、基準表の2行目（$x=1$ を代入）を写します。

それではいよいよ《1つ目》（基準表）と《2つ目》を重ね合わせてみましょう。

x＼y	0	1	2
0	$\ell_0\ell'_0$	$\ell_1\ell'_1$	$\ell_2\ell'_2$
1	$\ell_2\ell'_1$	$\ell_0\ell'_2$	$\ell_1\ell'_0$
2	$\ell_1\ell'_2$	$\ell_2\ell'_0$	$\ell_0\ell'_1$

⇔

00	11	22
21	02	10
12	20	01

何とオイラー方陣の出来上がりです。《1つ目》と《2つ目》のラテン方陣は直交しているのです。

第3章 ◆ オイラー方陣と有限幾何

でも、それはなぜでしょうか。

たとえば「$\ell_2\ell'_1$」が2回出てくる可能性はないのでしょうか。ここで表の中の「$\ell_2\ell'_1$」を見ると、$(x, y) = (1, 0)$ となっています。この $(1, 0)$ は、直線 ℓ_2 と直線 ℓ'_1 の「交点」です。ちなみに、直線 ℓ_2 と直線 ℓ'_1 の交点は「1個」だけです。このため「$\ell_2\ell'_1$」が2回出てくる可能性はないのです。

この方法のタネは、「(平面上の) 平行でない2直線は1点だけで交わる」ことにあるのです。このため「$\ell_2\ell'_1$」に限らず、どれも「1回」だけしか出てこないのです。この方法で作られるラテン方陣は、互いに直交することになるのです。

6 4次のオイラー方陣

◇ Z／4Z ◇

3次が4次になっても、Z／4Z（4で割った余り）とすればよいだけ、と思っていませんか。じつは、そうはいかないのです。

次は Z／4Z（4で割った余り）での和と積です。（p19 参照）

和	0	1	2	3
0	0	1	2	3
1	1	2	3	0
2	2	3	0	1
3	3	0	1	2

積	0	1	2	3
0	0	0	0	0
1	0	1	2	3
2	0	2	0	2
3	0	3	2	1

これのどこが不都合なのでしょうか。

たとえば「(1) $y = 3x + 2$ と $y = x + 3$ の交点」、「(2) $y = 3x + 1$ と $y = x + 3$ の交点」の x 座標を求めてみましょう。

(1)

$$\begin{cases} y = 3x + 2 & \cdots ① \\ y = x + 3 & \cdots ② \end{cases}$$

①②より

$$3x + 2 = x + 3 \quad \cdots ③$$

$$2x = 1 \quad \cdots ④$$

$$x = \lceil \text{ない} \rfloor$$

(2)

$$\begin{cases} y = 3x + 1 & \cdots ① \\ y = x + 3 & \cdots ② \end{cases}$$

①②より

$$3x + 1 = x + 3 \quad \cdots ③$$

$$2x = 2 \quad \cdots ④$$

$$x = \lceil 1, 3 \rfloor$$

まずは (1) を見てみましょう。

式④ですが、2 に何をかけたら 1 になるのでしょうか。「積」の

104

表を見ると、そんな数 x は存在しません。「1÷2」は存在しないのです。

次に（2）を見てみましょう。

式④ですが、2 に何をかけたら 2 になるのでしょうか。「積」の表を見ると、そんな数 x は存在しないどころか「1、3」と 2 個もあります。「1 次」方程式③には解が「2 個」あり、2 直線が「2点」で交わるのです。解が多い分にはかまわない……、はずがありませんね。これは「2÷2」が定まらないということです。

結局のところ、Z／4Z（4 で割った余り）上では、（平面）幾何を論じるのは不都合だということです。

◇ ガロアの体 F_q ◇

Z／4Z（4 で割った余り）は、加減乗除がうまくいく「体」ではありません。でも、じつは 4 つの元からなる有限体 F_4 は存在するのです。いよいよガロア（E.Galois）の出番です。

「ガロア理論」では、方程式の解を添加して「体を拡大」していきましたね。たとえば有理数体 Q に $x^2 - 2 = 0$ の解 $\sqrt{2}$、$-\sqrt{2}$ を添加して、体 Q($\sqrt{2}$) を作りました。Q($\sqrt{2}$) は、有理数と $\sqrt{2}$ とを加減乗除した数、つまり「$x + y\sqrt{2}$」（x, y は有理数）という数の集合です。$(a + b\sqrt{2}) \div (c + d\sqrt{2})$ が $x + y\sqrt{2}$ と表されることは、「分母の有理化」としておなじみですね。

じつは有限体も、方程式の解を添加して作っていくのです。

結論からいうと、$q = p^m$（p は素数、$m \geq 1$）のときは、q 個の元からなる有限体は存在します。でも $q \neq p^m$ のときは、q 個の元か

らなる有限体は存在しません。たとえば6個の元では、たし算、かけ算をどんなに工夫して決めたところで、加減乗除がうまくいくようには出来ないのです。（p246 参照）

さらに q 個の元からなる有限体は、本質的に同一となってきます。つまり有限体は、元の個数 q だけから決まるのです。

これらのことを発見したのは、ガロアです。このため、有限体は「ガロアの体」とも呼ばれ、$GF(q)$（Galois Field）と表されることもあります。通常は F_q（F は体 Field）と記されています。

◇ **有限体 F_4** ◇ ━━━━━━━━━━━━━━━━━

これから**有限体 F_4** を作っていきましょう。ちなみに $4 = 2^2$ です。

4個の元からなる体 F_4 を作る場合は、まずは $4 = 2^2$（**2** の **2** 乗）の **2** から、$F_2 = Z／2Z$（2で割った余り）を元の体（基礎体）とします。その上で、F_2 を含むより大きな体 F_4（**拡大体**）を作るのです。

次に $4 = 2^2$（**2** の **2** 乗）の **2** から、**2** 次方程式を見ていくことにします。ちなみに $Z／2Z$ は体なので、1次方程式はすべて解をもちます。2次方程式 $ax^2 + bx + c = 0$ が $Z／2Z$ で解をもつときは、左辺の多項式は（1次式の積に）因数分解されます。（p237 参照）つまり因数分解されないなら、$F_2 = Z／2Z$ で解をもちません。解を見つけるには、別天地が必要になるのです。

ここで思い起こされるのが**虚数**「i」です。2次方程式「$x^2 + 1 = 0$」は、実数体 R では解をもちません。多項式「$x^2 + 1$」は、実数

体 R では（1次式の積に）因数分解されないのです。そこで「x^2 + 1 = 0」の解を「i」とし、「$a+bi$」（a、b は実数）という新たな数（複素数）を導入して、その加減乗除を定めたのです。それは「$i^2+1=0$」つまり「$i^2=-1$」とする他は、これまで通りという単純なものでした。こうして作られたのが複素数体 C です。

　それでは複素数体 C を念頭に、実数体 R ではなく、有限体 Z／2Z に戻りましょう。

　まずは「i」を作り出した「x^2+1」に相当する、「2次の多項式」を用意します。Z／2Z で因数分解されない2次の既約多項式です。このため（因数分解される）可約多項式を洗い出し、そうでないものを探し出します。2次の可約多項式は、（1次式）×（1次式）です。係数が Z／2Z = {0, 1} となると、$(x+0)(x+0)$、$(x+0)(x+1)$、$(x+1)(x+1)$ に限られてきます。

$$(x+0)(x+0) = x^2$$
$$(x+0)(x+1) = x^2+x$$
$$(x+1)(x+1) = x^2+2x+1 = x^2+1 \quad （\text{Z／2Z では「2=0」}）$$

　ここに現れないのが既約多項式ということで「x^2+x+1」を選び、さらに「$x^2+x+1=0$」の解を「α」とします。（「$x^2+1=0$」の解を「i」としたのと同様です。）

　さらに「$a+b\alpha$」（a、b は Z／2Z = {0, 1} の元）という新たな数の加減乗除を定めます。それは「$\alpha^2+\alpha+1=0$」つまり $\alpha^2 = -1-\alpha$ とする他は、これまで通りというものです。ちなみに $\alpha^2 = -1$

$-\alpha$ は、「$\alpha^2 = 1 + \alpha$」（Z／2Z では「$-1 = 1$」）と同じです。

「$a + b\alpha$」は、「$0 + 0\alpha$」「$1 + 0\alpha$」「$0 + 1\alpha$」「$1 + 1\alpha$」つまり「0」「1」「α」「$1 + \alpha$」の4個です。これらは「0」「α^0」「α^1」「α^2」（$\alpha^2 = 1 + \alpha$）とも表されます。つまり「0」を除いた3個は、α をかけていくことで全部出てくるのです。ちなみに $\alpha^3 = \alpha\alpha^2 = \alpha(1 + \alpha) = \alpha + \alpha^2 = \alpha + (1 + \alpha) = 1 + 2\alpha = 1$（Z／2Z では「$2 = 0$」）となります。「$\alpha^3 = 1 \ (= \alpha^0)$」です。$\alpha$ をかけていくと、次のように回っていきます。

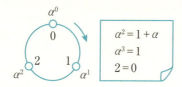

まずは、4個の数「0」「1」「α」「$1 + \alpha \ (= \alpha^2)$」の「和」と「積」を見てみましょう。

「和」では「$2 = 0$」に注意します。「積」は一度「α^m」にしてから、「$\alpha^0 = 1、\alpha^1 = \alpha、\alpha^2 = 1 + \alpha$」に戻すのがお勧めです。ちなみに「$\alpha^3 = 1$」です。

和	0	1	α	$1+\alpha$
0	0	1	α	$1+\alpha$
1	1	0	$1+\alpha$	α
α	α	$1+\alpha$	0	1
$1+\alpha$	$1+\alpha$	α	1	0

積	0	1	α	$1+\alpha$
0	0	0	0	0
1	0	1	α	$1+\alpha$
α	0	α	$1+\alpha$	1
(α^2) $1+\alpha$	0	$1+\alpha$	1	α

前ページの演算で、「0」「1」「α」「$1+\alpha$」の4個からなる集合は体をなします。$F_2=Z/2Z$ を元の体(「0」「1」)として、これを含むより大きな体 F_4 (「α」「$1+\alpha$」を追加)が作られたのです。これが4個の元からなる有限体 F_4 です。

◇ 4次のオイラー方陣 ◇

4次のオイラー方陣は存在します。どの2つも互いに直交する4次のラテン方陣は、じつは 4−1=3 個存在するのです。

有限体 F_4 が用意出来たので、これからその3個のラテン方陣を作っていきましょう。3次では「0、1、2」だったのが、4次では「0、1、α、$1+\alpha$」となる他は、ほとんど同様です。

「点」は 4×4=16 個あります。

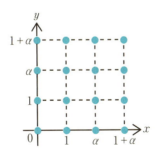

「直線」は $x=k$、$y=h$、$y=1x+b$、$y=\alpha x+b$、$y=(1+\alpha)x+b$ (k、h、b は「0、1、α、$1+\alpha$」)がそれぞれ4本ずつで、全部で 5×4=20本 あります。

それでは、4次のラテン方陣を作っていきましょう。

ちなみに、平行な直線「$x=0$、$x=1$、$x=\alpha$、$x=1+\alpha$」や平行な直線「$y=0$、$y=1$、$y=\alpha$、$y=1+\alpha$」からは、ラテン方陣は作

られません。ラテン方陣が作られるのは、$y=1x+b$、$y=\alpha x+b$、$y=(1+\alpha)x+b$ の 3 種からです。3 個の互いに直交する 4 次のラテン方陣の 3 です。

《1つ目》のラテン方陣は、平行な直線「$y=1x+0$、$y=1x+1$、$y=1x+\alpha$、$y=1x+(1+\alpha)$」から作ります。この $y=1x+b$ から出てきた表を、ここでも「基準表」と呼ぶことにします。

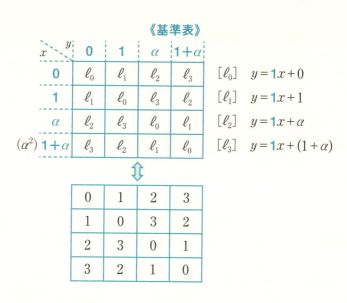

表は向かって横に作っていきます。1 行目は $x=0$ を ℓ_0、ℓ_1、ℓ_2、ℓ_3 に代入して y を計算し（Z／2Z では「2＝0」）、その y の値の下のマスに ℓ_0、ℓ_1、ℓ_2、ℓ_3 を書き込みます。2 行目以降も同様です。

《2つ目》のラテン方陣は、平行な直線「$y=\alpha x+0$、$y=\alpha x+1$、$y=\alpha x+\alpha$、$y=\alpha x+(1+\alpha)$」から作ります。

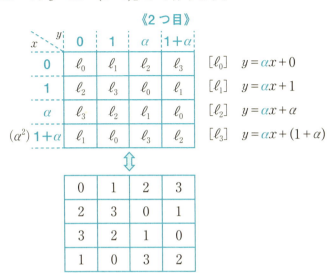

2行目（$x=1$ を代入）は、$\alpha \times 1 = \alpha$ なので、基準表の3行目（$x=\alpha$ を代入）を写します。3行目（$x=\alpha$ を代入）は、$\alpha \times \alpha = \alpha^2 = 1+\alpha$ なので基準表の4行目（$x=1+\alpha$ を代入）を写します。4行目（$x=\alpha^2$ を代入）は、$\alpha \times \alpha^2 = \alpha^3 = 1$ なので基準表の2行目（$x=1$ を代入）を写します。

《3つ目》のラテン方陣は、平行な直線「$y=\alpha^2 x+0$、$y=\alpha^2 x+1$、$y=\alpha^2 x+\alpha$、$y=\alpha^2 x+(1+\alpha)$」から作ります。ちなみに $\alpha^2 = 1+\alpha$ です。

《3つ目》

x \ y	0	1	α	$1+\alpha$
0	ℓ_0	ℓ_1	ℓ_2	ℓ_3
1	ℓ_3	ℓ_2	ℓ_1	ℓ_0
α	ℓ_1	ℓ_0	ℓ_3	ℓ_2
(α^2) $1+\alpha$	ℓ_2	ℓ_3	ℓ_0	ℓ_1

$[\ell_0]$ $y = \alpha^2 x + 0$
$[\ell_1]$ $y = \alpha^2 x + 1$
$[\ell_2]$ $y = \alpha^2 x + \alpha$
$[\ell_3]$ $y = \alpha^2 x + (1+\alpha)$

↕

0	1	2	3
3	2	1	0
1	0	3	2
2	3	0	1

2行目（$x=1$を代入）は、$\alpha^2 \times 1 = \alpha^2$なので、基準表の4行目（$x=\alpha^2$を代入）を写します。3行目（$x=\alpha$を代入）は、$\alpha^2 \times \alpha = \alpha^3 = 1$なので、基準表の2行目（$x=1$を代入）を写します。4行目（$x=\alpha^2$を代入）は、$\alpha^2 \times \alpha^2 = \alpha^4 = \alpha$なので、基準表の3行目（$x=\alpha$を代入）を写します。

これで3個のラテン方陣が作られました。

《基準表》

0	1	2	3
1	0	3	2
2	3	0	1
3	2	1	0

《2つ目》

0	1	2	3
2	3	0	1
3	2	1	0
1	0	3	2

《3つ目》

0	1	2	3
3	2	1	0
1	0	3	2
2	3	0	1

第3章◆オイラー方陣と有限幾何

　これらの3個のラテン方陣は、どの2つも互いに直交しています。「(平面上の) 平行でない2直線は1点だけで交わる」からです。このため、この中の2つを重ね合わせれば、4次のオイラー方陣が作られます。たとえばp81で紹介したのは、《2つ目》と《3つ目》から作られたオイラー方陣です。

《2つ目》

0	1	2	3
2	3	0	1
3	2	1	0
1	0	3	2

《3つ目》

0	1	2	3
3	2	1	0
1	0	3	2
2	3	0	1

00	11	22	33
23	32	01	10
31	20	13	02
12	03	30	21

コラム IV　4×4の魔方陣

次のどの2つも互いに直交する4次のラテン方陣を見て、何か気づいたことはありますか。

《基準表》

0	1	2	3
1	0	3	2
2	3	0	1
3	2	1	0

《2つ目》

0	1	2	3
2	3	0	1
3	2	1	0
1	0	3	2

《3つ目》

0	1	2	3
3	2	1	0
1	0	3	2
2	3	0	1

これら3個の中で、《2つ目》と《3つ目》には「対角線」にも「0、1、2、3」が現れていますね。

0	1	2	3
2	3	0	1
3	2	1	0
1	0	3	2

0	1	2	3
3	2	1	0
1	0	3	2
2	3	0	1

こうなると、これらを重ね合わせたオイラー方陣から「**魔方陣**」が作られるというものです。4×4の魔方陣です。ちなみにラテン方陣の左右を入れかえて重ねても、またオイラー方陣となってきます。

00	11	22	33
23	32	01	10
31	20	13	02
12	03	30	21

00	11	22	33
32	23	10	01
13	02	31	20
21	30	03	12

第3章 ◆ オイラー方陣と有限幾何

　ラテン方陣やオイラー方陣では、「数字」は単なる「文字」の扱いでした。これを魔方陣とするには、「**数字**」を単に「**数**」とみなせばよいだけです。4進法で表された「数」です。

$$10 \text{ 進法での } 21 \quad \Leftrightarrow \quad 2 \times 10 + 1$$

$$4 \text{ 進法での } 21 \quad \Leftrightarrow \quad 2 \times 4 + 1$$

　それでは、前ページのオイラー方陣から魔方陣を作ってみましょう。これらはラテン方陣の左右を入れかえたものだけに、出来上がった魔方陣にも類似点が見られますね。もし「1から16」までの魔方陣としたいなら、全部に1を加えてください。

00	11	22	33
23	32	01	10
31	20	13	02
12	03	30	21

⇔

0	5	10	15
11	14	1	4
13	8	7	2
6	3	12	9

00	11	22	33
32	23	10	01
13	02	31	20
21	30	03	12

⇔

0	5	10	15
14	11	4	1
7	2	13	8
9	12	3	6

　そこで気になるのは、「インドの魔方陣」や「デューラーの銅版画の魔方陣」ですね。それらを（1を引いた上で）逆に4進法で表したものは、オイラー方陣となっているのでしょうか。さっそく見てみましょう。

115

次の左側の2つは、p27の魔方陣から1を引いたものです。右側は、それらを4進法で表したものです。

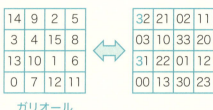
ガリオール

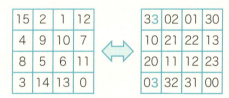
デューラーの銅版画

見ての通り、これらは行や列に同じものが現れていて、オイラー方陣ではありませんね。それでは、カジュラホの魔方陣はどうでしょうか。

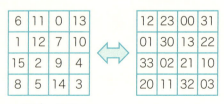
カジュラホ

第3章 ◆ オイラー方陣と有限幾何

　何とこちらは、行や列に同じものが現れていません。つまり、オイラー方陣となっているのです。

　こうなると気になるのは、カジュラホの魔方陣は（本質的に）どんなラテン方陣を重ね合わせたものか、ということですね。それでは「4 の位」と「1 の位」に分けたラテン方陣の1 行目を、「0、1、2、3」に統一（正規化）してみましょう。

4 の位　　　　　　　　　　《2 つ目》

1	2	0	3
0	3	1	2
3	0	2	1
2	1	3	0

1 ⇨ 0
2 ⇨ 1
0 ⇨ 2
3 ⇨ 3

0	1	2	3
2	3	0	1
3	2	1	0
1	0	3	2

1 の位　　　　　　　　　　《3 つ目》

2	3	0	1
1	0	3	2
3	2	1	0
0	1	2	3

2 ⇨ 0
3 ⇨ 1
0 ⇨ 2
1 ⇨ 3

0	1	2	3
3	2	1	0
1	0	3	2
2	3	0	1

　結局、重ね合わせたのは（本質的に）《2 つ目》と《3 つ目》のラテン方陣でしたね。もっとも魔方陣から判明したオイラー方陣なのですから、（「4 の位」と「1 の位」の順序は別として）想定通りでしたね。

7 8次のオイラー方陣

◇ 有限体 F_8 ◇

まずは有限体 F_8 を作りましょう。ちなみに $8 = 2^3$ です。

8個の元からなる体 F_8 を作る場合は、まずは $8 = 2^3$ （2の3乗）の2から、$F_2 = Z/2Z$ （2で割った余り）を元の体（基礎体）とします。その上で、F_2 を含むより大きな体 F_8 （拡大体）を作るのです。

次に $8 = 2^3$ （2の3乗）の3から、3次方程式を見ていくことにします。

ここでも「i」での「$x^2 + 1$」に相当する、「3次の多項式」を用意します。$Z/2Z$ で因数分解されない既約多項式、つまり可約でない多項式を探すのです。3次の可約多項式は、（1次式）×（2次式）です。ただし（2次式）は既約に限らず、（1次式）×（1次式）と因数分解されるものも含めることにします。係数は $Z/2Z$ の「0、1」なので、1次式は $(x+0)$ か $(x+1)$ です。2次式は $(x^2 + 0)$、$(x^2 + 1)$、$(x^2 + x)$、$(x^2 + x + 1)$ のいずれかです。これらをかけた可約多項式は、次の通りです。ただし $Z/2Z$ では「$2 = 0$」です。

$$x.x^2 = x^3$$
$$x(x^2 + 1) = x^3 + x$$
$$x(x^2 + x) = x^3 + x^2$$
$$x(x^2 + x + 1) = x^3 + x^2 + x$$

$$(x+1).x^2 = x^3 + x^2$$
$$(x+1)(x^2 + 1) = x^3 + x^2 + x + 1$$
$$(x+1)(x^2 + x) = x^3 + x$$
$$(x+1)(x^2 + x + 1) = x^3 + 1$$

第3章 ◆ オイラー方陣と有限幾何

　ここに現れないのが既約多項式で、「x^3+x+1」を選び、さらに「$x^3+x+1=0$」の解を「α」とします。（「$x^2+1=0$」の解を「i」としたのと同様です。）

　さらに「$a+b\alpha+c\alpha^2$」（a、b、c は $Z/2Z=\{0, 1\}$ の元）という新たな数の加減乗除を定めます。それは「$\alpha^3+\alpha+1=0$」つまり $\alpha^3=-1-\alpha$ とする他は、これまで通りというものです。ちなみに $\alpha^3=-1-\alpha$ は、「$\alpha^3=1+\alpha$」と同じです。（$Z/2Z$ では「$-1=1$」）「$a+b\alpha+c\alpha^2$」は、次の $2\times2\times2=8$ 個です。

$$0+0\alpha+0\alpha^2=0 \qquad\qquad 0+0\alpha+1\alpha^2=\alpha^2$$
$$1+0\alpha+0\alpha^2=1 \qquad\qquad 1+0\alpha+1\alpha^2=1+\alpha^2$$
$$0+1\alpha+0\alpha^2=\alpha \qquad\qquad 0+1\alpha+1\alpha^2=\alpha+\alpha^2$$
$$1+1\alpha+0\alpha^2=1+\alpha \qquad\qquad 1+1\alpha+1\alpha^2=1+\alpha+\alpha^2$$

　じつは今回も、「0」を除いた7個は、α をかけていくことで全部出てきます。

$$\alpha^0=1 \qquad\qquad \alpha^4=\alpha(1+\alpha)=\alpha+\alpha^2$$
$$\alpha^1=\alpha \qquad\qquad \alpha^5=\alpha(\alpha+\alpha^2)=\alpha^2+(1+\alpha)=1+\alpha+\alpha^2$$
$$\alpha^2 \qquad\qquad \alpha^6=\alpha(1+\alpha+\alpha^2)=\alpha+\alpha^2+(1+\alpha)=1+\alpha^2$$
$$\alpha^3=1+\alpha \qquad\qquad \alpha^7=\alpha(1+\alpha^2)=\alpha+(1+\alpha)=1$$

---

(0) $\qquad 1=\alpha^0 \qquad\qquad \alpha=\alpha^1 \qquad\qquad 1+\alpha=\alpha^3$

$\alpha^2 \qquad\qquad 1+\alpha^2=\alpha^6 \qquad\quad \alpha+\alpha^2=\alpha^4 \qquad\quad 1+\alpha+\alpha^2=\alpha^5$

119

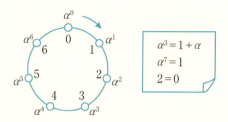

これらの加減乗除ですが、「和」「差」は「2=0」に注意して求めます。

「積」「商」は一度「α^m」にしてから、「$\alpha^0=1$、$\alpha^1=\alpha$、α^2、$\alpha^3=1+\alpha$、$\alpha^4=\alpha+\alpha^2$、$\alpha^5=1+\alpha+\alpha^2$、$\alpha^6=1+\alpha^2$」に戻すのがお勧めです。ちなみに「$\alpha^7=1$」です。

たとえば、次のようになります。

$$(1+\alpha^2)+(1+\alpha+\alpha^2)=2+\alpha+2\alpha^2=\alpha$$
$$(1+\alpha^2)-(1+\alpha+\alpha^2)=-\alpha=\alpha$$
$$(1+\alpha^2)\times(1+\alpha+\alpha^2)=\alpha^6\times\alpha^5=\alpha^{11}=\alpha^4=\alpha+\alpha^2$$
$$(1+\alpha+\alpha^2)\div(1+\alpha^2)=\alpha^5\div\alpha^6=\alpha^5\cdot\alpha^7\div\alpha^6 \;\;(\alpha^7=1)$$
$$=\alpha^{12}\div\alpha^6=\alpha^6=1+\alpha^2$$

結局のところ、加減乗除は「$\alpha^3=1+\alpha$」の他はこれまで通り（Z／2Zでの計算）として、先ほどの8個は「体」をなします。

F_2=Z／2Z（2個の元）を含むより大きな**有限体 F_8**（8個の元）が作られたのです。

◇ 8次のラテン方陣（1つ目）◇

8次のオイラー方陣は存在します。どの2つも互いに直交する8次のラテン方陣は、じつは$8-1=7$個存在するのです。

有限体F_8が用意できたので、これからその7個のラテン方陣を作っていきましょう。4次での「0、1、α、$1+\alpha$」が、8次では「0、1、α、$1+\alpha$、α^2、$1+\alpha^2$、$\alpha+\alpha^2$、$1+\alpha+\alpha^2$」となる他は、ほとんど同様です。（αはそれぞれ別々です。）

「点」は$8 \times 8 = 64$個あります。（図は省略します）

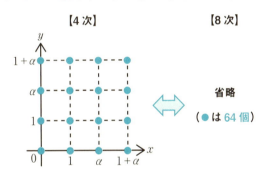

「直線」は$x=k$、$y=h$、$y=1x+b$、$y=\alpha x+b$、$y=(1+\alpha)x+b$、$y=\alpha^2 x+b$、$y=(1+\alpha^2)x+b$、$y=(\alpha+\alpha^2)x+b$、$y=(1+\alpha+\alpha^2)x+b$（k、h、bはF_8の元）がそれぞれ8本ずつで、全部で$9 \times 8 = 72$本あります。

それでは、8次のラテン方陣を作っていきましょう。

ちなみに、8本の平行な直線「$x=k$」や、8本の平行な直線「$y=h$」からは、ラテン方陣は作られません。ラテン方陣が作られるのは、残りの$9-2=7$種からです。7個の互いに直交する8次のラテン方陣の7です。

《1つ目》のラテン方陣は、8本の平行な直線「$y = 1x + b$」から作ります。出てきた表は、ここでも「**基準表**」と呼ぶことにします。

[0]	$y = 1x + 0$	[4]	$y = 1x + \alpha^2$
[1]	$y = 1x + 1$	[5]	$y = 1x + (1 + \alpha^2)$
[2]	$y = 1x + \alpha$	[6]	$y = 1x + (\alpha + \alpha^2)$
[3]	$y = 1x + (1 + \alpha)$	[7]	$y = 1x + (1 + \alpha + \alpha^2)$

《基準表》

x \ y	0	1	α	$1+\alpha$ (α^3)	α^2	$1+\alpha^2$ (α^6)	$\alpha+\alpha^2$ (α^4)	$1+\alpha+\alpha^2$ (α^5)
0	0	1	2	3	4	5	6	7
1	1	0	3	2	5	4	7	6
α	2	3	0	1	6	7	4	5
$1+\alpha$ (α^3)	3	2	1	0	7	6	5	4
α^2	4	5	6	7	0	1	2	3
$1+\alpha^2$ (α^6)	5	4	7	6	1	0	3	2
$\alpha+\alpha^2$ (α^4)	6	7	4	5	2	3	0	1
$1+\alpha+\alpha^2$ (α^5)	7	6	5	4	3	2	1	0

表は向かって横に作っていきます。1行目は $x = 0$ を代入し、y の値の下のマスに直線 [0] から直線 [7] までの番号を書き込みます。2行目以降も同様ですが、Z／2Z では「2＝0」に注意します。

第3章 ◆ オイラー方陣と有限幾何

《基準表》（1つ目のラテン方陣）の対角線は、「0」や「7」ばかりで、「0、1、2、3、4、5、6、7」とはなっていませんね。

◇ **8次のラテン方陣（2つ目）** ◇

《2つ目》のラテン方陣は、8本の平行な直線「$y = \alpha x + b$」から作ります。

[0]　$y = \alpha x + 0$　　　　[4]　$y = \alpha x + \alpha^2$

[1]　$y = \alpha x + 1$　　　　[5]　$y = \alpha x + (1 + \alpha^2)$

[2]　$y = \alpha x + \alpha$　　　　[6]　$y = \alpha x + (\alpha + \alpha^2)$

[3]　$y = \alpha x + (1 + \alpha)$　　[7]　$y = \alpha x + (1 + \alpha + \alpha^2)$

《2つ目》

x ＼ y	0	1	α	$1+\alpha$ (α^3)	α^2	$1+\alpha^2$ (α^6)	$\alpha+\alpha^2$ (α^4)	$1+\alpha+\alpha^2$ (α^5)
0	0	1	2	3	4	5	6	7
1	2	3	0	1	6	7	4	5
α	4	5	6	7	0	1	2	3
(α^3) $1+\alpha$	6	7	4	5	2	3	0	1
α^2	3	2	1	0	7	6	5	4
(α^6) $1+\alpha^2$	1	0	3	2	5	4	7	6
(α^4) $\alpha+\alpha^2$	7	6	5	4	3	2	1	0
(α^5) $1+\alpha+\alpha^2$	5	4	7	6	1	0	3	2

それぞれ基準表の次の行を写しています。($\alpha^7 = 1$)

2 行目 ($x = 1$) ← 基準表の 3 行目 ($x = \alpha$)

3 行目 ($x = \alpha$) ← 基準表の 5 行目 ($x = \alpha^2$)

4 行目 ($x = \alpha^3$) ← 基準表の 7 行目 ($x = \alpha^4$)

5 行目 ($x = \alpha^2$) ← 基準表の 4 行目 ($x = \alpha^3$)

6 行目 ($x = \alpha^6$) ← 基準表の 2 行目 ($x = 1$)

7 行目 ($x = \alpha^4$) ← 基準表の 8 行目 ($x = \alpha^5$)

8 行目 ($x = \alpha^5$) ← 基準表の 6 行目 ($x = \alpha^6$)

《2 つ目》のラテン方陣は、「行」「列」だけでなく「対角線」にも「0、1、2、3、4、5、6、7」が現れていますね。

◇ 8 次のラテン方陣 (3 つ目) ◇

《3 つ目》のラテン方陣は、8 本の平行な直線「$y = (1 + \alpha)x + b$」つまり「$y = \alpha^3 x + b$」から作ります。$\alpha^3 = 1 + \alpha$ です。

[0] $\quad y = \alpha^3 x + 0$ $\qquad$ [4] $\quad y = \alpha^3 x + \alpha^2$

[1] $\quad y = \alpha^3 x + 1$ $\qquad$ [5] $\quad y = \alpha^3 x + (1 + \alpha^2)$

[2] $\quad y = \alpha^3 x + \alpha$ $\qquad$ [6] $\quad y = \alpha^3 x + (\alpha + \alpha^2)$

[3] $\quad y = \alpha^3 x + (1 + \alpha)$ $\qquad$ [7] $\quad y = \alpha^3 x + (1 + \alpha + \alpha^2)$

第3章 ◆ オイラー方陣と有限幾何

《3つ目》

x＼y	0	1	α	(α³) 1+α	α²	(α⁶) 1+α²	(α⁴) α+α²	(α⁵) 1+α+α²
0	0	1	2	3	4	5	6	7
1	3	2	1	0	7	6	5	4
α	6	7	4	5	2	3	0	1
(α³) 1+α	5	4	7	6	1	0	3	2
α²	7	6	5	4	3	2	1	0
(α⁶) 1+α²	4	5	6	7	0	1	2	3
(α⁴) α+α²	1	0	3	2	5	4	7	6
(α⁵) 1+α+α²	2	3	0	1	6	7	4	5

それぞれ基準表の次の行を写しています。$(\alpha^7 = 1)$

2 行目 $(x = 1)$ ← 基準表の 4 行目 $(x = \alpha^3)$

3 行目 $(x = \alpha)$ ← 基準表の 7 行目 $(x = \alpha^4)$

4 行目 $(x = \alpha^3)$ ← 基準表の 6 行目 $(x = \alpha^6)$

5 行目 $(x = \alpha^2)$ ← 基準表の 8 行目 $(x = \alpha^5)$

6 行目 $(x = \alpha^6)$ ← 基準表の 5 行目 $(x = \alpha^2)$

7 行目 $(x = \alpha^4)$ ← 基準表の 2 行目 $(x = 1)$

8 行目 $(x = \alpha^5)$ ← 基準表の 3 行目 $(x = \alpha)$

《3つ目》のラテン方陣も、「行」「列」だけでなく「対角線」にも「0、1、2、3、4、5、6、7」が現れていますね。

◇ **8次のラテン方陣（4つ目）** ◇

《4つ目》のラテン方陣は、8本の平行な直線「$y = \alpha^2 x + b$」から作ります。

[0] $y = \alpha^2 x + 0$	[4] $y = \alpha^2 x + \alpha^2$
[1] $y = \alpha^2 x + 1$	[5] $y = \alpha^2 x + (1 + \alpha^2)$
[2] $y = \alpha^2 x + \alpha$	[6] $y = \alpha^2 x + (\alpha + \alpha^2)$
[3] $y = \alpha^2 x + (1 + \alpha)$	[7] $y = \alpha^2 x + (1 + \alpha + \alpha^2)$

《4つ目》

x \ y	0	1	α	(α^3) $1+\alpha$	α^2	(α^6) $1+\alpha^2$	(α^4) $\alpha+\alpha^2$	(α^5) $1+\alpha+\alpha^2$
0	0	1	2	3	4	5	6	7
1	4	5	6	7	0	1	2	3
α	3	2	1	0	7	6	5	4
(α^3) $1+\alpha$	7	6	5	4	3	2	1	0
α^2	6	7	4	5	2	3	0	1
(α^6) $1+\alpha^2$	2	3	0	1	6	7	4	5
(α^4) $\alpha+\alpha^2$	5	4	7	6	1	0	3	2
(α^5) $1+\alpha+\alpha^2$	1	0	3	2	5	4	7	6

第3章◆オイラー方陣と有限幾何

それぞれ基準表の次の行を写しています。($\alpha^7 = 1$)

2 行目 ($x = 1$) ← 基準表の 5 行目 ($x = \alpha^2$)

3 行目 ($x = \alpha$) ← 基準表の 4 行目 ($x = \alpha^3$)

4 行目 ($x = \alpha^3$) ← 基準表の 8 行目 ($x = \alpha^5$)

5 行目 ($x = \alpha^2$) ← 基準表の 7 行目 ($x = \alpha^4$)

6 行目 ($x = \alpha^6$) ← 基準表の 3 行目 ($x = \alpha$)

7 行目 ($x = \alpha^4$) ← 基準表の 6 行目 ($x = \alpha^6$)

8 行目 ($x = \alpha^5$) ← 基準表の 2 行目 ($x = 1$)

《4つ目》のラテン方陣も、「行」「列」だけでなく「対角線」にも「0、1、2、3、4、5、6、7」が現れていますね。

◇ 8 次のラテン方陣（5つ目）◇

《5つ目》のラテン方陣は、8 本の平行な直線「$y = (1 + \alpha^2)x + b$」つまり「$y = \alpha^6 x + b$」から作ります。$\alpha^6 = 1 + \alpha^2$ です。

[0] $y = \alpha^6 x + 0$ [4] $y = \alpha^6 x + \alpha^2$

[1] $y = \alpha^6 x + 1$ [5] $y = \alpha^6 x + (1 + \alpha^2)$

[2] $y = \alpha^6 x + \alpha$ [6] $y = \alpha^6 x + (\alpha + \alpha^2)$

[3] $y = \alpha^6 x + (1 + \alpha)$ [7] $y = \alpha^6 x + (1 + \alpha + \alpha^2)$

《5つ目》

x \ y	0	1	α	$1+\alpha$ (α^3)	α^2	$1+\alpha^2$ (α^6)	$\alpha+\alpha^2$ (α^4)	$1+\alpha+\alpha^2$ (α^5)
0	0	1	2	3	4	5	6	7
1	5	4	7	6	1	0	3	2
α	1	0	3	2	5	4	7	6
(α^3) $1+\alpha$	4	5	6	7	0	1	2	3
α^2	2	3	0	1	6	7	4	5
(α^6) $1+\alpha^2$	7	6	5	4	3	2	1	0
(α^4) $\alpha+\alpha^2$	3	2	1	0	7	6	5	4
(α^5) $1+\alpha+\alpha^2$	6	7	4	5	2	3	0	1

それぞれ基準表の次の行を写しています。（$\alpha^7=1$）

2 行目（$x=1$）　←　基準表の 6 行目（$x=\alpha^6$）

3 行目（$x=\alpha$）　←　基準表の 2 行目（$x=1$）

4 行目（$x=\alpha^3$）　←　基準表の 5 行目（$x=\alpha^2$）

5 行目（$x=\alpha^2$）　←　基準表の 3 行目（$x=\alpha$）

6 行目（$x=\alpha^6$）　←　基準表の 8 行目（$x=\alpha^5$）

7 行目（$x=\alpha^4$）　←　基準表の 4 行目（$x=\alpha^3$）

8 行目（$x=\alpha^5$）　←　基準表の 7 行目（$x=\alpha^4$）

《5つ目》のラテン方陣も、「行」「列」だけでなく「対角線」にも「0、1、2、3、4、5、6、7」が現れていますね。

◇ 8次のラテン方陣（6つ目）◇

《6つ目》のラテン方陣は、8本の平行な直線「$y = (\alpha + \alpha^2)x + b$」つまり「$y = \alpha^4 x + b$」から作ります。$\alpha^4 = \alpha + \alpha^2$ です。

[0] $y = \alpha^4 x + 0$	[4] $y = \alpha^4 x + \alpha^2$
[1] $y = \alpha^4 x + 1$	[5] $y = \alpha^4 x + (1 + \alpha^2)$
[2] $y = \alpha^4 x + \alpha$	[6] $y = \alpha^4 x + (\alpha + \alpha^2)$
[3] $y = \alpha^4 x + (1 + \alpha)$	[7] $y = \alpha^4 x + (1 + \alpha + \alpha^2)$

《6つ目》

x \\ y	0	1	α	(α^3) $1+\alpha$	α^2	(α^6) $1+\alpha^2$	(α^4) $\alpha+\alpha^2$	(α^5) $1+\alpha+\alpha^2$
0	0	1	2	3	4	5	6	7
1	6	7	4	5	2	3	0	1
α	7	6	5	4	3	2	1	0
(α^3) $1+\alpha$	1	0	3	2	5	4	7	6
α^2	5	4	7	6	1	0	3	2
(α^6) $1+\alpha^2$	3	2	1	0	7	6	5	4
(α^4) $\alpha+\alpha^2$	2	3	0	1	6	7	4	5
(α^5) $1+\alpha+\alpha^2$	4	5	6	7	0	1	2	3

それぞれ基準表の次の行を写しています。($\alpha^7 = 1$)

2 行目 ($x = 1$)　←　基準表の 7 行目 ($x = \alpha^4$)

3 行目 ($x = \alpha$)　←　基準表の 8 行目 ($x = \alpha^5$)

4 行目 ($x = \alpha^3$)　←　基準表の 2 行目 ($x = 1$)

5 行目 ($x = \alpha^2$)　←　基準表の 6 行目 ($x = \alpha^6$)

6 行目 ($x = \alpha^6$)　←　基準表の 4 行目 ($x = \alpha^3$)

7 行目 ($x = \alpha^4$)　←　基準表の 3 行目 ($x = \alpha$)

8 行目 ($x = \alpha^5$)　←　基準表の 5 行目 ($x = \alpha^2$)

《6つ目》のラテン方陣も、「行」「列」だけでなく「対角線」にも「0、1、2、3、4、5、6、7」が現れていますね。

◇ 8 次のラテン方陣 (7 つ目) ◇

最後の《7つ目》のラテン方陣は、8 本の平行な直線「$y = (1 + \alpha + \alpha^2)x + b$」つまり「$y = \alpha^5 x + b$」から作ります。$\alpha^5 = 1 + \alpha + \alpha^2$ です。

[0]　$y = \alpha^5 x + 0$ 　　　[4]　$y = \alpha^5 x + \alpha^2$

[1]　$y = \alpha^5 x + 1$ 　　　[5]　$y = \alpha^5 x + (1 + \alpha^2)$

[2]　$y = \alpha^5 x + \alpha$ 　　　[6]　$y = \alpha^5 x + (\alpha + \alpha^2)$

[3]　$y = \alpha^5 x + (1 + \alpha)$ 　　　[7]　$y = \alpha^5 x + (1 + \alpha + \alpha^2)$

《7つ目》

	0	1	α	(α^3) $1+\alpha$	α^2	(α^6) $1+\alpha^2$	(α^4) $\alpha+\alpha^2$	(α^5) $1+\alpha+\alpha^2$
0	0	1	2	3	4	5	6	7
1	7	6	5	4	3	2	1	0
α	5	4	7	6	1	0	3	2
(α^3) $1+\alpha$	2	3	0	1	6	7	4	5
α^2	1	0	3	2	5	4	7	6
(α^6) $1+\alpha^2$	6	7	4	5	2	3	0	1
(α^4) $\alpha+\alpha^2$	4	5	6	7	0	1	2	3
(α^5) $1+\alpha+\alpha^2$	3	2	1	0	7	6	5	4

それぞれ基準表の次の行を写しています。$(\alpha^7 = 1)$

$$2\text{行目}\ (x=1) \quad \leftarrow \quad \text{基準表の8行目}\ (x=\alpha^5)$$

$$3\text{行目}\ (x=\alpha) \quad \leftarrow \quad \text{基準表の6行目}\ (x=\alpha^6)$$

$$4\text{行目}\ (x=\alpha^3) \quad \leftarrow \quad \text{基準表の3行目}\ (x=\alpha)$$

$$5\text{行目}\ (x=\alpha^2) \quad \leftarrow \quad \text{基準表の2行目}\ (x=1)$$

$$6\text{行目}\ (x=\alpha^6) \quad \leftarrow \quad \text{基準表の7行目}\ (x=\alpha^4)$$

$$7\text{行目}\ (x=\alpha^4) \quad \leftarrow \quad \text{基準表の5行目}\ (x=\alpha^2)$$

$$8\text{行目}\ (x=\alpha^5) \quad \leftarrow \quad \text{基準表の4行目}\ (x=\alpha^3)$$

《7つ目》のラテン方陣も、「行」「列」だけでなく「対角線」にも「0、1、2、3、4、5、6、7」が現れていますね。

これで7個の8次のラテン方陣が作られました。しかもこれらは、どの2つも互いに直交しています。「(平面上の)平行でない2直線は1点だけで交わる」からです。

これらの中の2つを重ね合わせれば、8次のオイラー方陣が作られます。たとえば《2つ目》(α)と《3つ目》(α^3)(次ページ参照)で作ったオイラー方陣は、次のようになります。

《α と α^3》

00	11	22	33	44	55	66	77
23	32	01	10	67	76	45	54
46	57	64	75	02	13	20	31
65	74	47	56	21	30	03	12
37	26	15	04	73	62	51	40
14	05	36	27	50	41	72	63
71	60	53	42	35	24	17	06
52	43	70	61	16	07	34	25

《α^3 と α》

00	11	22	33	44	55	66	77
32	23	10	01	76	67	54	45
64	75	46	57	20	31	02	13
56	47	74	65	12	03	30	21
73	62	51	40	37	26	15	04
41	50	63	72	05	14	27	36
17	06	35	24	53	42	71	60
25	34	07	16	61	70	43	52

第 3 章 ◆ オイラー方陣と有限幾何

コラム V　8×8の魔方陣

どの 2 つも互いに直交する 8 次のラテン方陣を見てきました。しかも 7 個の中で、《2 つ目》から《7 つ目》までの 6 個は、「対角線」にも「0、1、2、3、4、5、6、7」が現れていますね。

《2 つ目》（α）

0	1	2	3	4	5	6	7
2	3	0	1	6	7	4	5
4	5	6	7	0	1	2	3
6	7	4	5	2	3	0	1
3	2	1	0	7	6	5	4
1	0	3	2	5	4	7	6
7	6	5	4	3	2	1	0
5	4	7	6	1	0	3	2

《3 つ目》（α^3）

0	1	2	3	4	5	6	7
3	2	1	0	7	6	5	4
6	7	4	5	2	3	0	1
5	4	7	6	1	0	3	2
7	6	5	4	3	2	1	0
4	5	6	7	0	1	2	3
1	0	3	2	5	4	7	6
2	3	0	1	6	7	4	5

こうなると 4 次と同様に、これらを重ね合わせたオイラー方陣から「魔方陣」が作られるというものです。8×8 の魔方陣です。しかも、どの 2 つを選ぶかで異なった魔方陣が作られます。さらにラテン方陣の左右を入れかえると、異なった魔方陣となってきます。

今回はオイラー方陣の「数字」を、8 進法で表された「数」とみなします。

　　　10 進法での 21　⇔　2×10+1
　　　 8 進法での 21　⇔　2×8+1

それでは《2 つ目》（α）と《3 つ目》（α^3）を重ね合わせたオイラー方陣から（前ページ参照）、魔方陣を作ってみましょう。もし「1 から 64」までの魔方陣としたいなら、全部に 1 を加えます。

p132《α と α^3》のオイラー方陣から作った魔方陣は、次の通りです。

《α と α^3》

0	9	18	27	36	45	54	63
19	26	1	8	55	62	37	44
38	47	52	61	2	11	16	25
53	60	39	46	17	24	3	10
31	22	13	4	59	50	41	32
12	5	30	23	40	33	58	51
57	48	43	34	29	20	15	6
42	35	56	49	14	7	28	21

　p132《α^3 と α》のオイラー方陣から作った魔方陣は、次の通りです。2つの魔方陣に、何か類似点は見つかるでしょうか。

《α^3 と α》

0	9	18	27	36	45	54	63
26	19	8	1	62	55	44	37
52	61	38	47	16	25	2	11
46	39	60	53	10	3	24	17
59	50	41	32	31	22	13	4
33	40	51	58	5	12	23	30
15	6	29	20	43	34	57	48
21	28	7	14	49	56	35	42

第4章
魔円陣と射影平面

□に数を入れて、つながった部分（全体を含む）の和から「1、2、3、……、21」が1回ずつ全部出るようにするのさ。ヒントは「どんな2直線も1点だけで交わる」ことだよ。

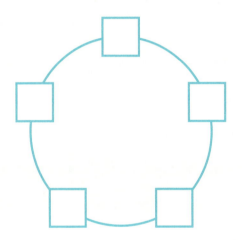

5つの中のどこか2つは「1」と「2」で、全部の和は21のはずよね。ヒントは、非ユークリッド幾何だと思うけど、このパズルと何の関係があるっていうの？

（答はp136参照）

8 魔円陣と射影平面

◇ **魔円陣** ◇

魔円陣（magic circle）は円形なので、そもそも魔方陣のような「行」、「列」、「対角線」はありません。魔円陣は、円のどこかの部分の和を等しくするのではなく、その（つながった）部分の和から「1、2、3、……」が1回ずつ全部出てくるようにするのです。

まずは実例を見てみましょう。

次は、**大きさ5の魔円陣**です。21通りある円の（つながった）部分（全体を含む）を加えると、1から21までの整数が全部出てきます。

大きさ5の魔円陣

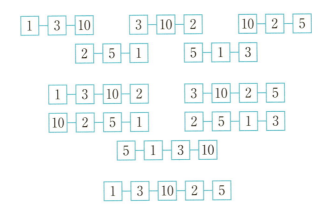

あらかじめ 1 から 21 までを記した横に、「1+3」「3+10」……を求めて書き込んでいくと、次のようになります。

1	8 = 2+5+1	15 = 3+10+2
2	9 = 5+1+3	16 = 1+3+10+2
3	10	17 = 10+2+5
4 = 1+3	11 = 2+5+1+3	18 = 10+2+5+1
5	12 = 10+2	19 = 5+1+3+10
6 = 5+1	13 = 3+10	20 = 3+10+2+5
7 = 2+5	14 = 1+3+10	21 = 1+3+10+2+5

魔円陣が 1 つ見つかったら、これを回転しても、鏡に映しても、やはり魔円陣です。でも、さすがに異なった魔円陣とはみなしません。

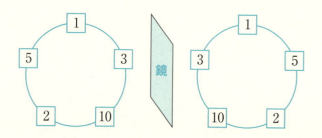

大きさ3や4の魔円陣なら、試行錯誤で見つけられます。
(p159、p169参照)

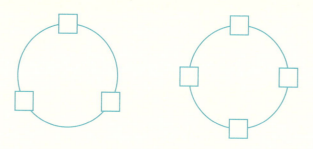

大きさ6の魔円陣ともなると、運も左右するかもしれません。ちなみに大きさ4の魔円陣でもそうですが、1通りとは限りませんよ。いったい何通りあるのでしょうか。(p185参照)

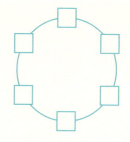

大きさ7の魔円陣に挑戦するのは、いくら運や実力に自信が

あっても、お勧めしません。じつは大きさ7の魔円陣は存在しないと、（すべての場合を調べ尽くして）確認済みなのです。そもそも大きさnの魔円陣を定義したところで、（すべてのnについて）その存在まで保証したわけではないのです。「人魚とは、上半身が人で下半身が魚」と定義しても、絵本の中にしか存在しませんよね。

◇ 大きさ(p^m+1)の魔円陣 ◇

ガロアが発見したように、$q=p^m$（pは素数、$m\geqq1$）のとき、q個の元からなる有限体F_q（やF_{q^3}）は存在します。このため、じつは大きさが（$q+1$）、つまり大きさ（p^m+1）の魔円陣は存在します。大きさ3、4、5、6、8、……の魔円陣は、有限体を用いて作ることが出来るのです。

$3=2+1$、 $4=3+1$、 $5=2^2+1$、 $6=5+1$

$8=7+1$、 $9=2^3+1$、 $10=3^2+1$、 $12=11+1$

$14=13+1$、 $17=2^4+1$、 $18=17+1$、 $20=19+1$

ちなみにガロアが見抜いたように、$q\neq p^m$のとき、q個の元からなる有限体F_qは存在しません。どう工夫しても、加減乗除がうまくいくことはないのです。だからといって、このとき大きさ（$q+1$）の魔円陣も存在しない、とは断言できません。あくまでもこれから見ていく方法では、有限体を用いる関係上、作ることが出来ないというだけの話です。有限体を用いない別の方法で、魔

円陣が作られる可能性は残されているのです。

これから見ていく魔円陣の作り方は、「**どんな2直線も1点だけで交わる**」ことを利用します。そんな摩訶不思議なことが起こるのが**射影幾何**です。魔円陣では、その中の**有限体上の射影平面**を用います。

◇ **1、2、3、……、□** ◇

大きさ n の魔円陣は、円のつながった部分(全体を含む)を加えて、「1、2、3、……、□」をもれなく1回ずつ出します。このときの□、つまり全部加えた1番大きな数は何でしょうか。これを知るには、切り取り方が全部で何通りあるかを数えることになりますね。

たとえば、大きさ3の場合を見てみましょう。

まずは下図の「a、b、c」の3カ所から、切り取る2カ所を選んで並べます。1カ所目は3通りですが、2カ所目はそれぞれ1カ所目を除いた2通りとなり、全部で $_3P_2=3\times2=6$ 通りです。これに全体の1通りとで $6+1=7$ 通りとなり、□ $=3\times2+1$ と求まります。

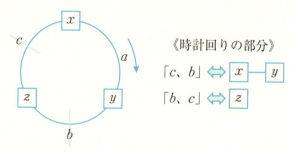

第 4 章 ◆ 魔円陣と射影平面

　大きさ n の場合も同様です。まずは n 個の円弧から、切り取る 2 カ所を選んで並べます。これで $_nP_2 = n(n-1)$ 通りです。これに全体の 1 通りとで $n(n-1)+1$ 通りとなり、□ $= n^2 - n + 1$ と求まります。

◇ F_2 上の射影平面 ◇

「どんな 2 直線も 1 点だけで交わる」という射影平面は、いったいどんなものなのでしょうか。まずは大まかなイメージをつかみましょう。

　そもそもユークリッド平面では、平行な直線は交わりません。そこで一連の平行な直線に、「無限遠点」なるものをつけ加えます。平行な直線は「無限遠点」で交わる、とするのです。

　それでは、そのつけ加えた「無限遠点」は、どんな直線上にあるのでしょうか。そこで今度は、その無限遠点からなる「無限遠直線」も 1 本つけ加えることにします。

　さて 2 個の元からなる有限体 F_2 は、$Z/2Z = \{0, 1\}$（p97 参照）です。$F_2 = Z/2Z$（2 で割った余り）です。

　それでは F_2 上のユークリッド平面から（p98 参照）、F_2 上の射影平面を作っていきましょう。

　まずは、平行な直線に「無限遠点」をつけ加えます。

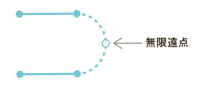
← 無限遠点

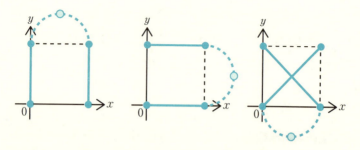

各直線上の点はこれまで2個でしたが、「無限遠点」が加わって3個となりました。「点」の個数は、合計 4+3=7 個となったのです。

これらの「無限遠点」からなる直線が「無限遠直線」です。

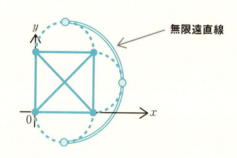

無限遠直線上にも、点は3個ありますね。「直線」の本数は、これまでの6本と「無限遠直線」1本とで、合計7本となりました。

さて上図では、直線が真っ直ぐでないのが不満かも知れませんね。でも気にすることはありません。「直線は点の集まり」では抽象的なので、単に線で結んだだけなのです。(次ページの上図はp98参照)

第4章◆魔円陣と射影平面

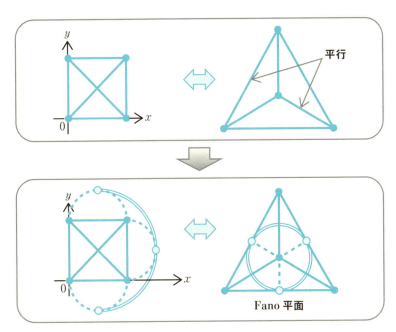

　上図は、この **7**個の点と **7**本の直線の関係を表したものです。「点」と「直線」がどちらも **7**、と同数であることに着目です。また「どの直線上にも点は **3**個」に対して、「どの点を通る直線も **3**本」です。じつは射影平面では、「点」と「直線」は対等な関係にあるのです。

◇ F_2 上の射影平面の座標 ◇

　F_2 上の射影平面を大まかにとらえてきましたが、これから具体的に見ていきましょう。$F_2 = Z/2Z$（2で割った余り）です。

　$Z/2Z = \{0, 1\}$ には 0 と 1 しかありませんね。こうなると点「$(0, 0)$、$(0, 1)$、$(1, 0)$、$(1, 1)$」のどこに、「無限遠点」をつけ加え

143

る余地が残されているのでしょうか。

$$
\begin{aligned}
x=0 &\leftrightarrow \{(0,0),(0,1)\} \\
x=1 &\leftrightarrow \{(1,0),(1,1)\}
\end{aligned}
\Bigg\}\text{無限遠点 A}
$$

$$
\begin{aligned}
y=0 &\leftrightarrow \{(0,0),(1,0)\} \\
y=1 &\leftrightarrow \{(0,1),(1,1)\}
\end{aligned}
\Bigg\}\text{無限遠点 B}
$$

$$
\begin{aligned}
y=1x+0 &\leftrightarrow \{(0,0),(1,1)\} \\
y=1x+1 &\leftrightarrow \{(0,1),(1,0)\}
\end{aligned}
\Bigg\}\text{無限遠点 C}
$$

交点

　その解決策は奇想天外です。(3次元の) ユークリッド空間において、目を原点に据えて見たような世界を考えるのです。それが (射影「空間」ではなく) 射影「平面」です。つまり、(原点を通る直線上に) 重なって見える点の集まりを同一の「点」とみなし、(原点を通る平面上に) 連なって見える点の集まりを同一の「直線」とみなすのです。

「点」に関しては、もし $\mathbb{Z}/2\mathbb{Z}=\{0,1\}$ でなく $\mathbb{Z}/3\mathbb{Z}=\{0,1,2\}$ ならば、$(0,1,1)$ と $2(0,1,1)=(0,2,2)$ を同一の点とみなす、ということです。$(0,1,1)=(0,2,2)$ です。

　ところが $\mathbb{Z}/2\mathbb{Z}=\{0,1\}$ には 0 と 1 しかないので、$(0,1,1)$ と同一の点は、$(0,1,1)$ の他にはありません。

　このため F_2 上の射影平面の「点」は、次のようになります。

z 座標も 0 か 1 ですが、これまでの点を $z=1$ とすると、「無限遠点」は $z=0$ の 3 点「$(0, 1, 0)$、$(1, 0, 0)$、$(1, 1, 0)$」となってきます。ただし（目を据えた）$(0, 0, 0)$ は除外します。

$(0, 0) \rightarrow (0, 0, 1)$　　　　追加
$(0, 1) \rightarrow (0, 1, 1)$　　　　$(0, 1, 0)$
$(1, 0) \rightarrow (1, 0, 1)$　　　　$(1, 0, 0)$
$(1, 1) \rightarrow (1, 1, 1)$　　　　$(1, 1, 0)$

「直線」に関しては、もし Z／2Z ＝ {0, 1} でなく Z／3Z ＝ {0, 1, 2} ならば、点 $\beta = (0, 0, 1)$ と点 $\gamma = (0, 1, 1)$ を通る直線上には、点 β と点 γ の他に、$2\beta = (0, 0, 2)$、$2\gamma = (0, 2, 2)$、$\beta + \gamma = (0, 0, 1) + (0, 1, 1) = (0, 1, 2)$、$\beta + 2\gamma = (0, 0, 1) + (0, 2, 2) = (0, 2, 0)$、$2\beta + \gamma = (0, 0, 2) + (0, 1, 1) = (0, 1, 0)$、$2\beta + 2\gamma = (0, 0, 2) + (0, 2, 2) = (0, 2, 1)$ があります。（Z／3Z では「3 ＝ 0」「4 ＝ 1」）もっとも、$(0, 0, 2) = 2(0, 0, 1)$、$(0, 2, 2) = 2(0, 1, 1)$、$(0, 2, 0) = 2(0, 1, 0)$、$(0, 2, 1) = 2(0, 1, 2)$ なので、実際の点の個数は 8 個の半分の 4 個となってきます。

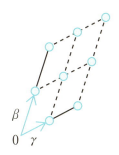

ところが Z／2Z ＝ {0, 1} 上では、たとえば点 $\beta = (0, 0, 1)$ と点 $\gamma = (0, 1, 1)$ を通る直線上には、点 β と点 γ の他には、点 $\beta + \gamma = (0,$

$0, 1) + (0, 1, 1) = (0, 1, 0)$ しかありません。

このため F_2 上の射影平面の「直線」は、次のようになってきます。

$$\beta \qquad \gamma \qquad \beta+\gamma$$

直線① $\{(0, 0, 1), (0, 1, 1), (0, 1, 0)\}$ ⎫
直線② $\{(1, 0, 1), (1, 1, 1), (0, 1, 0)\}$ ⎬ 交点 $(0, 1, 0)$

直線③ $\{(0, 0, 1), (1, 0, 1), (1, 0, 0)\}$ ⎫
直線④ $\{(0, 1, 1), (1, 1, 1), (1, 0, 0)\}$ ⎬ 交点 $(1, 0, 0)$

直線⑤ $\{(0, 0, 1), (1, 1, 1), (1, 1, 0)\}$ ⎫
直線⑥ $\{(0, 1, 1), (1, 0, 1), (1, 1, 0)\}$ ⎬ 交点 $(1, 1, 0)$

直線⑦ $\{(0, 1, 0), (1, 0, 0), (1, 1, 0)\}$ ↩

「無限遠直線」は、$z=0$ の無限遠点「$(0, 1, 0)$、$(1, 0, 0)$、$(1, 1, 0)$」からなる直線（直線⑦）です。これまで平行だった直線は、「無限遠点」で交わります。

ちなみに無限遠直線も、それぞれの直線と 1 点で交わっています。無限遠直線と直線①や直線②との交点は $(0, 1, 0)$、直線③や直線④との交点は $(1, 0, 0)$、直線⑤や直線⑥との交点は $(1, 1, 0)$ です。

この F_2 上の射影平面では、「どんな 2 直線も 1 点だけで交わっている」のです。

◇ 有限体 F_8 と F_2 上の射影平面 ◇

まずは、複素数「$a+bi$」（a、b は実数）を振り返ってみましょう。「実数」が数直線上に表されるのに対して、「複素数」は平面

上に表されます。**ガウス平面**（複素平面）です。ガウス平面の点 (a, b) には、複素数「$a+bi$」が対応します。このため、ただの平面とは異なり、点と点とが加減乗除されます。

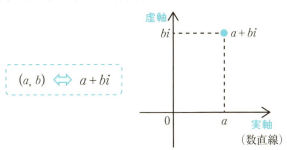

それでは F_2 上の**射影平面**の点 (a, b, c) には、何が対応するのでしょうか。ここで、a, b, c は $F_2 = Z/2Z = \{0, 1\}$ の元、つまり「0、1」です。ただし $(0, 0, 0)$ は除外します。

ここで思い当たるのが、**有限体 F_8** ですね。（p118 参照）「$x^3+x+1=0$」の解を「α」とし、加減乗除は「$\alpha^3=1+\alpha$」の他はこれまで通りというものです。ちなみに複素数体 C では、「$x^2+1=0$」の解を「i」とし、加減乗除は「$i^2=-1$」の他はこれまで通りとしました。

$$(a, b, c) \iff a+b\alpha+c\alpha^2$$

7 個の「**点**」(a, b, c) には、次の数「$a+b\alpha+c\alpha^2$」が対応します。**有限体 F_8** から 0 を除いた $F_8{}^*$ の元です。（p119 参照）

$$(1, 0, 0) \iff 1+0\alpha+0\alpha^2 = 1 = 「\alpha^0」$$
$$(0, 1, 0) \iff 0+1\alpha+0\alpha^2 = \alpha = 「\alpha^1」$$

$(1, 1, 0) \iff 1 + 1\alpha + 0\alpha^2 = 1 + \alpha = \lceil \alpha^3 \rfloor$

$(0, 0, 1) \iff 0 + 0\alpha + 1\alpha^2 = \lceil \alpha^2 \rfloor$

$(1, 0, 1) \iff 1 + 0\alpha + 1\alpha^2 = 1 + \alpha^2 = \lceil \alpha^6 \rfloor$

$(0, 1, 1) \iff 0 + 1\alpha + 1\alpha^2 = \alpha + \alpha^2 = \lceil \alpha^4 \rfloor$

$(1, 1, 1) \iff 1 + 1\alpha + 1\alpha^2 = 1 + \alpha + \alpha^2 = \lceil \alpha^5 \rfloor$

7本の「直線」は、次のようになってきます。

直線①　$\{(0, 0, 1), (0, 1, 1), (0, 1, 0)\} \iff \{\alpha^2, \alpha^4, \alpha^1\}$

直線②　$\{(1, 0, 1), (1, 1, 1), (0, 1, 0)\} \iff \{\alpha^6, \alpha^5, \alpha^1\}$

直線③　$\{(0, 0, 1), (1, 0, 1), (1, 0, 0)\} \iff \{\alpha^2, \alpha^6, \alpha^0\}$

直線④　$\{(0, 1, 1), (1, 1, 1), (1, 0, 0)\} \iff \{\alpha^4, \alpha^5, \alpha^0\}$

直線⑤　$\{(0, 0, 1), (1, 1, 1), (1, 1, 0)\} \iff \{\alpha^2, \alpha^5, \alpha^3\}$

直線⑥　$\{(0, 1, 1), (1, 0, 1), (1, 1, 0)\} \iff \{\alpha^4, \alpha^6, \alpha^3\}$

直線⑦　$\{(0, 1, 0), (1, 0, 0), (1, 1, 0)\} \iff \{\alpha^1, \alpha^0, \alpha^3\}$

α をかけていくと、7個の「点」は回っていき、7回で元に戻ります。(p120参照)

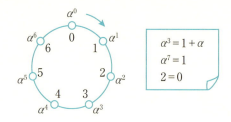

第4章 ◆ 魔円陣と射影平面

それでは「直線」はどうでしょうか。それぞれの点に α をかけていくと、その集まりである「直線」はどうなっていくのでしょうか。ここで「$\alpha^7 = 1(= \alpha^0)$」です。

$\{\alpha^2, \alpha^4, \alpha^1\}$　[直線①]
→　$\{\alpha^3, \alpha^5, \alpha^2\}$　[直線⑤]
→　$\{\alpha^4, \alpha^6, \alpha^3\}$　[直線⑥]
→　$\{\alpha^5, \alpha^0, \alpha^4\}$　[直線④]
→　$\{\alpha^6, \alpha^1, \alpha^5\}$　[直線②]
→　$\{\alpha^0, \alpha^2, \alpha^6\}$　[直線③]
→　$\{\alpha^1, \alpha^3, \alpha^0\}$　[直線⑦]
(→　$\{\alpha^2, \alpha^4, \alpha^1\}$　[直線①])

α をかけていくと、7本の「直線」も回っていき、7回で元に戻りますね。(0 の上の $\{\alpha^0, \alpha^2, \alpha^6\}$ は [直線③] です。)

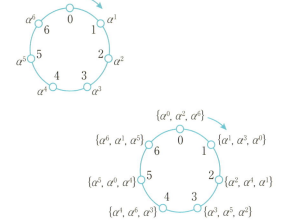

9 大きさ3の魔円陣

◇「点」と「直線」◇

　大きさ3の魔円陣を作るなら、試行錯誤で十分です。でもここでは、前節で見た F_2 上の射影平面を用いて作ってみましょう。ちなみに F_2 の2は、大きさ3より1小さい 3−1=2 です。

　さて「直線」ですが、これまでは p146 で見てきた順に［直線①］［直線②］……としてきました。これからは点「1」と点「α」を通る直線 $\{1, \alpha, 1+\alpha\} = \{\alpha^0, \alpha^1, \alpha^3\}$（［直線⑦］）を（0番目の）「基準の直線」として、すべて番号をつけかえることにします。

　α をかけていくと、「基準の直線」は次のように回っていき、7回で元に戻ります。

$$\begin{array}{rll}
& ⓪\ \{\alpha^0, \alpha^1, \alpha^3\} & ［直線⑦］ \\
\rightarrow & ①\ \{\alpha^1, \alpha^2, \alpha^4\} & ［直線①］ \\
\rightarrow & ②\ \{\alpha^2, \alpha^3, \alpha^5\} & ［直線⑤］ \\
\rightarrow & ③\ \{\alpha^3, \alpha^4, \alpha^6\} & ［直線⑥］ \\
\rightarrow & ④\ \{\alpha^4, \alpha^5, \alpha^0\} & ［直線④］ \\
\rightarrow & ⑤\ \{\alpha^5, \alpha^6, \alpha^1\} & ［直線②］ \\
\rightarrow & ⑥\ \{\alpha^6, \alpha^0, \alpha^2\} & ［直線③］
\end{array}$$

　7個の点「α^0、α^1、α^2、α^3、α^4、α^5、α^6」を「0、1、2、3、4、5、6」とし、7本の直線を上記の通り「⓪、①、②、③、④、⑤、

⑥」として、その関係を図示すると次のようになります。これは F_2 上の射影平面から得られるビルディングと呼ばれるものです。(参考文献［3］参照)

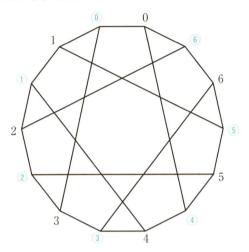

この図は、次のようにして作られています。

まず、射影平面では対等な「点」と「直線」を、番号順に交互に円状に並べます。(⓪の両隣は 0、1 とします。)

次に、直線⓪ $\{a^0, a^1, a^3\}$ は点「0、1、3」を通ることから、「⓪と 0」、「⓪と 1」、「⓪と 3」を結びます。直線① $\{a^1, a^2, a^4\}$ なら点「1、2、4」と結ぶのです。他もすべて結べば完成です。

「直線」に着目すると、どの直線も 3 個の点と結ばれています。「点」に着目しても、どの点も 3 本の直線と結ばれています。たとえば点「0」を通る直線は、「0」と結ばれている「⓪、④、⑥」です。

◇ 大きさ3の魔円陣 ◇

これから見ていく魔円陣の作り方は、「どんな2直線も1点だけで交わる」ことを利用します。

たとえば直線⓪ $\{0, 1, 3\}$ と直線① $\{1, 2, 4\}$ の交点は、点「1」の $\alpha^1 = 0 + 1\alpha + 0\alpha^2 = (0, 1, 0)$ です。直線⓪ $\{0, 1, 3\}$ と直線② $\{2, 3, 5\}$ の交点なら、点「3」の $\alpha^3 = 1 + \alpha = 1 + 1\alpha + 0\alpha^2 = (1, 1, 0)$ なのです。

下表の右側は、左側の「指数」だけを取り出したものです。1行目以降は、0行目（基準の直線）に α を何回かかけたものです。ちなみにかけ算は、指数ではたし算となってきます。（下表の　　は基準の直線との交点です。）

				a	b	c
	⓪	$\{\alpha^0, \alpha^1, \alpha^3\}$		0	1	3
$\times \alpha^1$	①	$\{\alpha^1, \alpha^2, \alpha^4\}$	+1	1	2	4
$\times \alpha^2$	②	$\{\alpha^2, \alpha^3, \alpha^5\}$	+2	2	3	5
$\times \alpha^3$	③	$\{\alpha^3, \alpha^4, \alpha^6\}$	+3	3	4	6
$\times \alpha^4$	④	$\{\alpha^4, \alpha^5, \alpha^0\}$	+4	4	5	0
$\times \alpha^5$	⑤	$\{\alpha^5, \alpha^6, \alpha^1\}$	+5	5	6	1
$\times \alpha^6$	⑥	$\{\alpha^6, \alpha^0, \alpha^2\}$	+6	6	0	2

0行目（基準）の「0、1、3」を「a、b、c」とします。この「a、b、c」は、p10の問題で、兵士A、B、Cが選んだ木の座標（「ガウスの時計算」の時間）です。

さらに、基準の「0、1、3」を「0、1、3、0、1、(3)」と繰り返

し、この差を求めておきます。この差はp10の問題の「木の間隔」です。

魔円陣に並べる数は、じつはこの差の$b-a$=「1」、$c-b$=「2」、$a-c$=「4」（7で割った余り）となってきます。

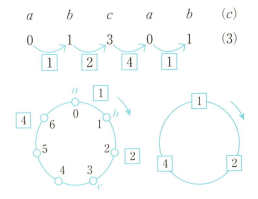

ちなみに1行目以降は0行目に同じ数をたしたものなので、その差は同一です。一緒に年齢を重ねても、その差は変わらないのと同じことですね。（次の例は2行目で、差は当然同じですね。）

つまり、どの直線からも同一の魔円陣が出てきます。基準の直線から出る魔円陣は、（aを何回かかけた）他の直線から出しても同一というわけです。この事実は、1つ魔円陣を見つけた後で、他の魔円陣を作る際に役立ちます。（p217、p219参照）

それでは「1、2、3、4、5、6」（前ページの右側の表の「+1、+2、+3、+4、+5、+6」）を、$b-a$=「1」、$c-b$=「2」、$a-c$=「4」の和で表してみましょう。

まずは「1」です。「+1」ということで、右側の「1行目」を見てみます。さらに、この1行目「1、2、4」と0行目「0、1、3」を見比べます。点「1」が共通ですね。左側を見ると、1行目と0行目の直線は、点 $\alpha^1 = 0 + 1\alpha + 0\alpha^2 = (0, 1, 0)$ で交わっているのです。この点「1」(α^1) が、2直線に必ず存在する「交点」です。

ちなみに1行目の「1」は、0行目の「a」に「+1」加えた「a +1」です。これが0行目の「b」と一致しているのです。

$$a+1=b \quad \rightarrow \quad 1=b-a= \boxed{1}$$

次は「2」です。0行目と2行目では「3」が共通ですね。

$$b+2=c \quad \rightarrow \quad 2=c-b= \boxed{2}$$

次は「3」です。0行目と3行目では「3」が共通ですね。

$$a+3=c \quad \rightarrow \quad 3=c-a$$
$$=(c-b)+(b-a)$$
$$=\boxed{2}+\boxed{1}$$

次は「4」です。0行目と4行目では「0」が共通ですね。

$$c+4=a \quad \rightarrow \quad 4=a-c= \boxed{4}$$

次は「5」です。0行目と5行目では「1」が共通ですね。

$$c+5=b \quad \rightarrow \quad 5=b-c$$
$$=(b-a)+(a-c)$$
$$=\boxed{1}+\boxed{4}$$

次は「6」です。0行目と6行目では「0」が共通ですね。

$$b+6=a \quad \rightarrow \quad 6=a-b$$
$$=(a-c)+(c-b)$$
$$=\boxed{4}+\boxed{2}$$

最後は「7」です。これは全部たします。

$$7 = \boxed{4} + \boxed{2} + \boxed{1}$$

これで「1、2、3、4、5、6」（p152 の右側の表の「+1、+2、+3、+4、+5、+6」）と「7」が、$b-a=$「1」、$c-b=$「2」、$a-c=$「4」の和で表されました。射影平面では、「どんな 2 直線も 1 点だけで交わる」ことを利用しましたね。

◇ (続) 大きさ 3 の魔円陣 ◇

（1 と α を通る）「基準の直線」$\{1, \alpha, 1+\alpha\} = \{\alpha^0, \alpha^1, \alpha^3\}$ から、魔円陣が 1 つ出てきました。それなら、鏡に映した方の魔円陣は、いったいどこから出てくるのでしょうか。

ここで考えられるのが、点「α」を他の点「β」（$\beta = \alpha^2$, α^3, α^4, α^5, α^6）に取りかえることです。すると、どうなってくるのでしょうか。

その前に、次のことを確認しておきます。

> $\mathrm{Z} / p\mathrm{Z}$（p は素数）の拡大体では
> $$(a + b)^p = a^p + b^p$$

まず $(a+b)^p$ を展開すると、次のようになります。

$$(a + b)^p = a^p + {}_pC_1 a^{p-1}b + {}_pC_2 a^{p-2}b^2 + \cdots\cdots + b^p$$

$$\left[{}_pC_k = \frac{p(p-1)(p-2)\cdots\cdots(p-k+1)}{k(k-1)(k-2)\cdots(k-k+1)} \right]$$

ここで $_pC_k$ $(k \neq 0, p)$ は p の倍数です。そもそも $_pC_k$ の分子にある p は、p が素数であるからには、約分してもこのまま残るのです。つまり $_pC_k$ は p の倍数で、Z / pZ では $_pC_k = 0$ です。右辺の a^p と b^p の他は 0 であることから、$(a+b)^p = a^p + b^p$ となります。

たとえば $Z / 2Z$ の拡大体 F_8 では、$1 + \alpha^2 = (1+\alpha)^2$ です。

それでは話を元に戻しましょう。

まず α を β に取りかえたとき、（1 と β を通る）「基準の直線」は $\{1, \beta, 1+\beta\}$ となってきます。

$\beta = \alpha^2$ のときは、この中の「$1+\beta$」が、$1+\beta = 1+\alpha^2 = (1+\alpha)^2 = (\alpha^3)^2 = (\alpha^2)^3 = \beta^3$ となっています。$(1+\alpha = \alpha^3)$ つまり、$\{1, \beta, 1+\beta\} = \{\beta^0, \beta^1, \beta^3\}$ です。

α を $\beta = \alpha^2$ に取りかえても、$\{1, \alpha, 1+\alpha\} = \{\alpha^0, \alpha^1, \alpha^3\}$ が $\{1, \beta, 1+\beta\} = \{\beta^0, \beta^1, \beta^3\}$ となるだけです。こうなると、その作り方から同じ魔円陣が出てきますね。

このことは、$\beta = \alpha^4$ に取りかえても同じことです。$1+\alpha^2 = (1+\alpha)^2$ の両辺を 2 乗すれば $1+\alpha^4 = (1+\alpha)^4$ です。同様に $1+\beta = 1+\alpha^4 = (1+\alpha)^4 = (\alpha^3)^4 = (\alpha^4)^3 = \beta^3$、つまり $1+\beta = \beta^3$ となって、やはり $\{1, \beta, 1+\beta\} = \{\beta^0, \beta^1, \beta^3\}$ です。

ちなみに、さらに 2 乗して $\beta = \alpha^8$ としても、$\alpha^8 = \alpha$ です。$(\alpha^7 = 1)$ 取りかえたことにはなりません。

そもそも「α」は「$x^3 + x + 1 = 0$」の解でした。（p119 参照）この 3 次方程式の解は、じつは $x = \alpha, \alpha^2, \alpha^4$ です。この中のどれを α としても、残りは α^2, α^4 なのです。もとより、どれが α という決まりもなかったということです。（p251 参照）

さて、「点」α、α^2、α^3、α^4、α^5、α^6 の中の「α、α^2、α^4」から出てくる魔円陣は同一で、先ほど求めました。では、残りの「α^3、α^5、α^6」からは、それぞれどんな魔円陣が出てくるのでしょうか。

じつは「α^3、α^5、α^6」からも、(先ほどとは別の) 同一の魔円陣が出てきます。「α、α^2、α^4」から同一の魔円陣が出たのと同じ理由で、「α^3、$(\alpha^3)^2$、$(\alpha^3)^4$」=「α^3、α^6、α^5」($\alpha^7=1$) からも同一の魔円陣が出てくるのです。

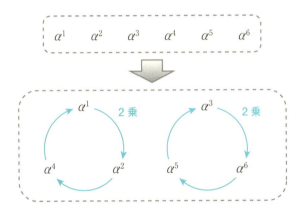

それでは $\beta=\alpha^3$ として、その魔円陣を求めていきましょう。
「基準の直線」$\{1, \beta, 1+\beta\}$ は、じつは $\{\beta^0, \beta^1, \beta^5\}$ です。$1+\beta=1+\alpha^3=1+(1+\alpha)=\alpha^1=\alpha^1\times(\alpha^7)^2=\alpha^{15}=(\alpha^3)^5=\beta^5$ なのです。($\alpha^3=1+\alpha$) ($\alpha^7=1$)

$\beta=\alpha^3$ をかけていくと、7個の「点」も、7本の「直線」も回っていき、7回で元に戻ります。

β^0 $(=\alpha^0=1)$、β^1 $(=\alpha^3)$、β^2 $(=\alpha^6)$、β^3 $(=\alpha^2)$、
β^4 $(=\alpha^5)$、β^5 $(=\alpha^1)$、β^6 $(=\alpha^4)$、$[\beta^7$ $(=1=\beta^0)]$

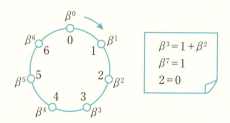

[⌐⌐ は「基準の直線」(0行目)との交点]

	$\{\beta^0, \beta^1, \beta^5\}$		0	1	5
$\times \beta^1$	$\{\beta^1, \beta^2, \beta^6\}$	+1	1	2	6
$\times \beta^2$	$\{\beta^2, \beta^3, \beta^0\}$	+2	2	3	0
$\times \beta^3$	$\{\beta^3, \beta^4, \beta^1\}$	+3	3	4	1
$\times \beta^4$	$\{\beta^4, \beta^5, \beta^2\}$	+4	4	5	2
$\times \beta^5$	$\{\beta^5, \beta^6, \beta^3\}$	+5	5	6	3
$\times \beta^6$	$\{\beta^6, \beta^0, \beta^4\}$	+6	6	0	4

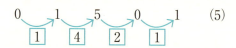

(5)

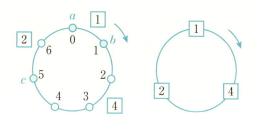

$\beta = \alpha^3$ としたとき、$\{1, \beta, 1+\beta\} = \{\beta^0, \beta^1, \beta^5\}$ からは、(期待通り) 先ほどの魔円陣を鏡に映したものが出てきましたね。

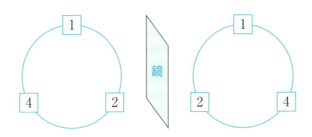

大きさ 3 の魔円陣は、(本質的には) 次の 1 通りしか見つかりませんでした。

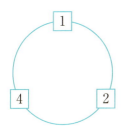

大きさ 3 の魔円陣

10 大きさ4の魔円陣

◇ **有限体 F_{27}** ◇

　大きさ4の魔円陣を、**F_3 上の射影平面**を用いて作っていきましょう。F_3 の **3** は、大きさ4より1小さい $4-1=$ **3** です。3個の元の**有限体 F_3** は、$Z／3Z=\{0, 1, 2\}$（3で割った余り）です。

　F_3 上の射影平面の点 (a, b, c) に、今回は**有限体 F_{27}**（$27=3^3$）から0を除いた $F_{27}{}^*$ の元を対応させます。ただし、射影平面で**1倍・2倍**となっている2個の点を同一視したのに対応して、$F_{27}{}^*$ でも**1倍・2倍**となっている2個の元を同一視します。F_8 では a、b、c は $Z／2Z=\{0, 1\}$ の元なので**1倍**だけでしたが、今回の F_{27} では $Z／3Z=\{0, 1, 2\}$ の元なので**1倍・2倍**となってきます。

$$(a, b, c) \iff a+b\alpha+c\alpha^2$$
$$(\alpha \text{ はこれから決定})$$

　それでは有限体 F_{27} を作っていきましょう。

　まずは $Z／3Z$ で因数分解されない**3次の既約多項式**、つまり可約でない多項式を探します。今回は可約多項式が多いため、x^2 の係数が0であるものに絞って見ていきます。（x^3+x 等の明らかに可約なものは省略します。）$Z／3Z$ では「$3=0$」です。

$$(x+1)(x^2+2x+1)=x^3+\textbf{3}x^2+3x+1=x^3+1$$

$$(x+1)(x^2+2x+2)=x^3+\textbf{3}x^2+4x+2=x^3+x+2$$

$$(x+2)(x^2+1x+1) = x^3+3x^2+3x+2 = x^3+2$$

$$(x+2)(x^2+1x+2) = x^3+3x^2+4x+4 = x^3+x+1$$

ここに現れないのが既約多項式ということで、「x^3+2x+1」を選びます。さらに「$x^3+2x+1=0$」の解を「α」とします。新たな数「$a+b\alpha+c\alpha^2$」（a、b、c は $Z/3Z=\{0,1,2\}$ の元）の加減乗除は、「$\alpha^3+2\alpha+1=0$」つまり $\alpha^3=-1-2\alpha=2+\alpha$ とする他は、これまで通り $Z/3Z$ で行います。

今回も「$\alpha^3=2+\alpha$」に留意して、1にどんどん α をかけていきましょう。ただし、$Z/3Z$ では「$4=1$」です。

$\alpha^0 = 1$

$\alpha^1 = \alpha$

α^2

$\alpha^3 = 2+\alpha$

$\alpha^4 = \alpha(2+\alpha) = 2\alpha+\alpha^2$

$\alpha^5 = \alpha(2\alpha+\alpha^2) = 2\alpha^2+(2+\alpha) = 2+\alpha+2\alpha^2$

$\alpha^6 = \alpha(2+\alpha+2\alpha^2) = 2\alpha+\alpha^2+2(2+\alpha) = 1+\alpha+\alpha^2$

$\alpha^7 = \alpha(1+\alpha+\alpha^2) = \alpha+\alpha^2+(2+\alpha) = 2+2\alpha+\alpha^2$

$\alpha^8 = \alpha(2+2\alpha+\alpha^2) = 2\alpha+2\alpha^2+(2+\alpha) = 2+2\alpha^2$

$\alpha^9 = \alpha(2+2\alpha^2) = 2\alpha+2(2+\alpha) = 1+\alpha$

$\alpha^{10} = \alpha(1+\alpha) = \alpha+\alpha^2$

$\alpha^{11} = \alpha(\alpha+\alpha^2) = \alpha^2+(2+\alpha) = 2+\alpha+\alpha^2$

$\alpha^{12} = \alpha(2+\alpha+\alpha^2) = 2\alpha+\alpha^2+(2+\alpha) = 2+\alpha^2$

$$\alpha^{13} = \alpha(2 + \alpha^2) = 2\alpha + (2 + \alpha) = 2$$

　これで「$\alpha^{13} = 2$」と Z／3Z $= \{0, 1, 2\}$ の元になりました。「$\alpha^{13} = 2$」の続きは「$\alpha^{14} = \alpha^{13}\alpha = 2\alpha$」「$\alpha^{15} = 2\alpha^2$」……となり、$\alpha^{26} = 2 \times 2 = 4 = 1$ と α^{26} で元の 1 に戻ります。「$\alpha^{26} = 1$」です。つまり、$F_{27}{}^*$ の 26 個の元が「α^m」と表されたのです。このような α は、有限体 F_{27} の原始根（$F_{27}{}^*$ の生成元）と呼ばれています。

　ここで有限体 F_{27} での加減乗除の例を見てみましょう。「$\alpha^3 = 2 + \alpha$」の他は、これまで通り Z／3Z で行います。「乗」「除」では、上記の表を見て一度「α^m」にするのがお勧めです。下記の計算では、$(1 + \alpha^2)$ が「α^0、α^1、α^2、……、α^{12}」に現れていないので、$1 + \alpha^2 = 4 + 4\alpha^2 = 2(2 + 2\alpha^2)$ としています。Z／3Z では「$4 = 1$」です。（次の計算では p161 参照）

$$(1 + \alpha^2) + (1 + \alpha + \alpha^2) = 2 + \alpha + 2\alpha^2$$

$$(1 + \alpha^2) - (1 + \alpha + \alpha^2) = -\alpha = 2\alpha$$

$$(1 + \alpha^2) \times (1 + \alpha + \alpha^2) = 2(2 + 2\alpha^2) \times (1 + \alpha + \alpha^2)$$

$$= 2\alpha^8 \times \alpha^6$$

$$= 2\alpha^{14}$$

$$= 2 \times 2\alpha \quad (\alpha^{13} = 2)$$

$$= 4\alpha$$

$$= \alpha$$

$$(1 + \alpha + \alpha^2) \div (1 + \alpha^2) = \alpha^6 \div (2\alpha^8)$$

$$= \alpha^6 \alpha^{26} \div (\alpha^{13}\alpha^8) \quad (\alpha^{26} = 1)$$

$$= \alpha^{32} \div \alpha^{21}$$

$$= \alpha^{11}$$

$$= 2 + \alpha + \alpha^2$$

◇ F_3 上の射影平面 ◇

F_3 上の**射影平面**の「**点**」は **13** 個あります。

点 (a, b, c) の a、b、c は $Z / 3Z = \{0, 1, 2\}$ の元なので $3 \times 3 \times 3$ 個ですが、これから $(0, 0, 0)$ を除き、**1倍・2倍**の **2** 個の点を同一視すると、$(3 \times 3 \times 3 - 1) \div 2 = 13$ 個となります。

これらの点に、**有限体 F_{27}**（$27 = 3^3$）から 0 を除いた $F_{27}{}^*$ の元を対応させます。ただし、$F_{27}{}^*$ の元も **1倍・2倍**の **2** 個を同一視します。「α^{13}、α^{14}、……、α^{25}」=「$2\alpha^0$、$2\alpha^1$、……、$2\alpha^{12}$」なので、「数」としては $\alpha^{13} = 2\alpha^0 \neq \alpha^0$ ですが、対応する「点」としては $\alpha^{13} = 2\alpha^0 = \alpha^0$ とするのです。

$$\alpha^{13} = 2 \qquad \Longleftrightarrow \qquad (2, 0, 0) = 2(1, 0, 0)$$

$$\alpha^{14} = 2\alpha \qquad \Longleftrightarrow \qquad (0, 2, 0) = 2(0, 1, 0)$$

$$\alpha^{15} = 2\alpha^2 \qquad \Longleftrightarrow \qquad (0, 0, 2) = 2(0, 0, 1)$$

今後は「数」として異なっていても、「点」として同一のときは「=」と記すことにします。$\alpha^{13} = \alpha^0$、$\alpha^{14} = \alpha^1$、……、$\alpha^{25} = \alpha^{12}$ とするのです。

今度は「**直線**」を見ていきましょう。さて、F_3 上の射影平面の「直線」は何本あるのでしょうか。

まず、どの直線上にも点は **4** 個あります。β と γ を通る直線上には、**4** 点 $\{\beta, \gamma, \beta + \gamma, 2\beta + \gamma\}$ があるのです。他に、2β、2γ、$\beta +$

2γ、$2\beta+2\gamma$ もありそうに思えますが、$2\beta=2\times\beta$、$2\gamma=2\times\gamma$、$\beta+2\gamma=2\times(2\beta+\gamma)$、$2\beta+2\gamma=2\times(\beta+\gamma)$ なので、これらは **2倍** した

だけの同一の点です。

直線は、13 個の点から 2 個を選ぶ ${}_{13}C_2=\dfrac{13\cdot12}{2\cdot1}=13\times6$（本）

あるわけではありません。$\{\beta,\ \gamma,\ \beta+\gamma,\ 2\beta+\gamma\}$ の 4 個の点から

2 個を選ぶ ${}_4C_2=\dfrac{4\cdot3}{2\cdot1}=6$（本）ずつは、同一の直線だからです。

このため直線の本数は $\dfrac{{}_{13}C_2}{{}_4C_2}=$ **13**（本）となります。射影平面で

は、じつは「点」と「直線」は同じだけあります。

ここでも、点「1」と点「α」を通る直線 $\{1,\ \alpha,\ 1+\alpha,\ 2+\alpha\}=\{\alpha^0,$ $\alpha^1,\ \alpha^9,\ \alpha^3\}$ を並べかえた $\{\alpha^0,\ \alpha^1,\ \alpha^3,\ \alpha^9\}$ を「**基準の直線**」とします。

α をかけていくと、じつは「直線」は次のように回っていき、13 回で元に戻ります。

〔 ⌐ ⌐ ⌐ ⌐ は「基準の直線」（0 行目）との交点〕

	⓪	$\{\ \alpha^0\ ,\ \alpha^1\ ,\ \alpha^3\ ,\ \alpha^9\ \}$
$\times\alpha^1$	①	$\{\ \alpha^1\ ,\ \alpha^2\ ,\ \alpha^4\ ,\ \alpha^{10}\ \}$
$\times\alpha^2$	②	$\{\ \alpha^2\ ,\ \alpha^3\ ,\ \alpha^5\ ,\ \alpha^{11}\ \}$
$\times\alpha^3$	③	$\{\ \alpha^3\ ,\ \alpha^4\ ,\ \alpha^6\ ,\ \alpha^{12}\ \}$
$\times\alpha^4$	④	$\{\ \alpha^4\ ,\ \alpha^5\ ,\ \alpha^7\ ,\ \alpha^0\ \}$
$\times\alpha^5$	⑤	$\{\ \alpha^5\ ,\ \alpha^6\ ,\ \alpha^8\ ,\ \alpha^1\ \}$
$\times\alpha^6$	⑥	$\{\ \alpha^6\ ,\ \alpha^7\ ,\ \alpha^9\ ,\ \alpha^2\ \}$
$\times\alpha^7$	⑦	$\{\ \alpha^7\ ,\ \alpha^8\ ,\ \alpha^{10}\ ,\ \alpha^3\ \}$
$\times\alpha^8$	⑧	$\{\ \alpha^8\ ,\ \alpha^9\ ,\ \alpha^{11}\ ,\ \alpha^4\ \}$

$$\begin{array}{r|l}
\times \alpha^9 \;\; ⑨ & \{\alpha^9, \alpha^{10}, \alpha^{12}, \alpha^5\} \\
\times \alpha^{10} \; ⑩ & \{\alpha^{10}, \alpha^{11}, \alpha^0, \alpha^6\} \\
\times \alpha^{11} \; ⑪ & \{\alpha^{11}, \alpha^{12}, \alpha^1, \alpha^7\} \\
\times \alpha^{12} \; ⑫ & \{\alpha^{12}, \alpha^0, \alpha^2, \alpha^8\} \\
\hline
[\times \alpha^{13} \; ⓪ & \{\alpha^0, \alpha^1, \alpha^3, \alpha^9\}]
\end{array}$$

下記は、F_3 上の射影平面から得られるビルディングです。

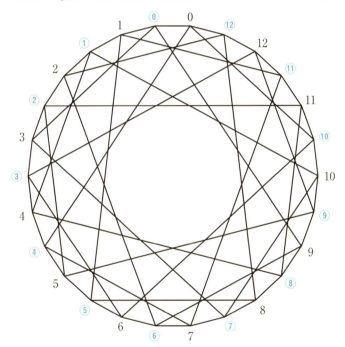

◇ **大きさ 4 の魔円陣（1）** ◇

大きさ 4 の魔円陣は、$\{\alpha^0, \alpha^1, \alpha^3, \alpha^9\}$ から次のように求まってきます。ここで「$-9 = 4$」（13 で割った余り）です。

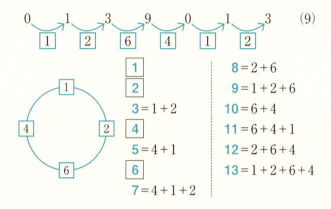

◇ 大きさ4の魔円陣(2) ◇

他の魔円陣を求めるために、点 α を他の点 β ($\beta = \alpha^2$、……、α^{12}) に取りかえてみましょう。

ただし「α、α^3、α^9」からは同一の魔円陣が出てきます。$Z/3Z$ (3は素数) の拡大体 F_{27} では「$(a+b)^3 = a^3 + b^3$」だからです。(p155参照) ここで、α^9 をさらに3乗した α^{27} は、$\alpha^{27} = \alpha^{26}\alpha = \alpha$ です。($\alpha^{26} = 1$)

それでは $\beta = \alpha^2$ に取りかえてみましょう。ちなみに $\beta = \alpha^2$、$(\alpha^2)^3$ ($= \alpha^6$)、$(\alpha^2)^9$ ($= \alpha^{18} = 2\alpha^5$)、つまり「$\alpha^2$、$\alpha^6$、$\alpha^5$」からは同一の魔円陣が出てきます。($\alpha^{13} = 2$)

まず α を $\beta = \alpha^2$ に取りかえたとき、(1 と β を通る)「基準の直線」は、$\{1, \beta, 1+\beta, 2+\beta\}$ です。この中の「$1+\beta$」「$2+\beta$」を見てみます。$Z/3Z$ で計算し、さらに (**2倍**しただけの) 同じ「点」のときは (「数」としては等しくなくても)「＝」と記すことにします。(次ページの計算では p161 参照)

$$1+\beta = 1+\alpha^2 = 2+2\alpha^2 = \alpha^8 = \beta^4 \quad (途中\,2\,倍)$$
$$2+\beta = 2+\alpha^2 = \alpha^{12} = \beta^6$$

$\{1, \beta, 1+\beta, 2+\beta\} = \{\beta^0, \beta^1, \beta^4, \beta^6\}$ です。これから、これまでと同様にして、魔円陣が求まります。

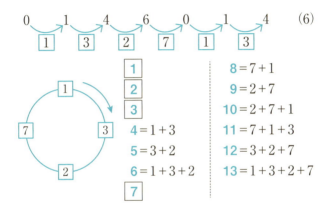

◇ **大きさ 4 の魔円陣（3）** ◇

「α、α^3、α^9」（p165 参照）と「α^2、α^5、α^6」（p166 参照）は済みました。

そこで今度は、$\beta = \alpha^4$ のときを見てみましょう。ちなみに $\beta = \alpha^4$、$(\alpha^4)^3$（$=\alpha^{12}$）、$(\alpha^4)^9$（$=\alpha^{36} = \alpha^{10}$）、つまり「$\alpha^4$、$\alpha^{12}$、$\alpha^{10}$」のときは同一の魔円陣となります。

まず $\{1, \beta, 1+\beta, 2+\beta\}$ の「$1+\beta$」「$2+\beta$」を見てみます。ここでも、（2 倍しただけの）同じ「点」のときは「=」と記します。たとえば α^{13}（$=2$）$=1$ とします。（$\alpha^3 = 2+\alpha$）（次は p161 参照）

$$1+\beta = 1+\alpha^4 = 1+(2\alpha+\alpha^2) = 2+\alpha+2\alpha^2 \quad (\text{2倍})$$
$$= \alpha^5 \alpha^{39} = \alpha^{44} = \beta^{11} \quad (\alpha^{13}=1)$$
$$2+\beta = 2+\alpha^4 = 2+(2\alpha+\alpha^2) = \alpha^7 \alpha^{13} = \alpha^{20} = \beta^5$$

$\{1, \beta, 1+\beta, 2+\beta\} = \{\beta^0, \beta^1, \beta^5, \beta^{11}\}$（順不同）です。これから求まるのは、魔円陣(1)（p166参照）を鏡に映したものです。

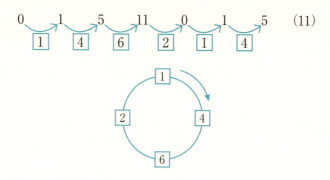

◇ **大きさ4の魔円陣(4)** ◇

「α、α^3、α^9」（p165参照）と「α^2、α^5、α^6」（p166参照）と「α^4、α^{10}、α^{12}」（p167参照）は済みました。残りは「α^7、α^8、α^{11}」だけです。ちなみにこれらの $\beta=\alpha^7$、$(\alpha^7)^3 = \alpha^{21} = \alpha^8$、$(\alpha^7)^9 = \alpha^{63} = \alpha^{11}$ からは、同一の魔円陣が出てきます。ここでも、（**2倍**しただけの）同じ「点」のときは「＝」と記します。

まずは $\beta=\alpha^7$ のとき、$\{1, \beta, 1+\beta, 2+\beta\}$ の「$1+\beta$」「$2+\beta$」を見てみます。（次ページの計算では p161 参照）$(\alpha^{13}=1)$

第4章◆魔円陣と射影平面

$$1+\beta = 1+\alpha^7 = 1+(2+2\alpha+\alpha^2) = 2\alpha+\alpha^2$$
$$= \alpha^4\alpha^{52} = \alpha^{56} = \beta^8$$
$$2+\beta = 2+\alpha^7 = 2+(2+2\alpha+\alpha^2) = 1+2\alpha+\alpha^2$$
$$(\text{2 倍}) = 2+\alpha+2\alpha^2 = \alpha^5\alpha^{65} = \alpha^{70} = \beta^{10}$$

　$\{1, \beta, 1+\beta, 2+\beta\} = \{\beta^0, \beta^1, \beta^8, \beta^{10}\}$ です。これから求まるのは、魔円陣(2)（p167 参照）を鏡に映したものです。

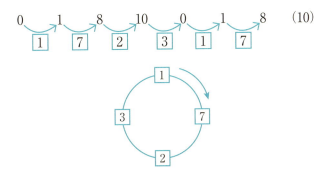

　大きさ 4 の魔円陣は、（本質的に）次の 2 通りが見つかりました。

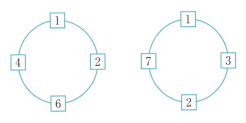

大きさ 4 の魔円陣

11 大きさ6の魔円陣

◇ **有限体 F_{125}** ◇

　大きさ5の前に、大きさ6の魔円陣を先に見ていきましょう。大きさ6より1小さい $6-1=5$ は「素数」なので、これまでと全く同様に作られるからです。もっとも「大きさ6の魔円陣」を自力で5個作って（p185 参照）、次節の「大きさ5の魔円陣」に進むのもお勧めです。

　大きさ6の魔円陣は、**F_5 上の射影平面**を用いて作ります。F_5 の **5** は、大きさ6より1小さい $6-1=$ **5** です。また5個の元の**有限体 F_5** は、**Z／5Z**$=\{0, 1, 2, 3, 4\}$（5で割った余り）です。

　F_5 上の射影平面の点 (a, b, c) に、今回は**有限体 F_{125}**（$125=5^3$）から0を除いた **$F_{125}{}^*$** の元を対応させます。ただし、点と同様に、**1倍・2倍・3倍・4倍**となっている4個の元は同一視します。次の a、b、c は Z／5Z$=\{0, 1, 2, 3, 4\}$ の元です。

> (a, b, c) ⟺ $a + b\alpha + c\alpha^2$
> （α はこれから決定）

　それでは有限体 F_{125} を作っていきましょう。

　まずは Z／5Z で因数分解されない**3次の既約多項式**、つまり可約多項式でないものを探します。今回も可約多項式が多いため、x^2 の係数が0であるものに絞って見ていきます。（x^3+x 等の明らかに可約なものは省略します。）Z／5Z では「$5=0$」です。

170

第 4 章 ◆ 魔円陣と射影平面

$$(x+1)(x^2+4x+1) = x^3 + 5x^2 + 5x + 1 = x^3 + 1$$

$$(x+1)(x^2+4x+2) = x^3 + 5x^2 + 6x + 2 = x^3 + x + 2$$

$$(x+1)(x^2+4x+3) = x^3 + 5x^2 + 7x + 3 = x^3 + 2x + 3$$

$$(x+1)(x^2+4x+4) = x^3 + 5x^2 + 8x + 4 = x^3 + 3x + 4$$

$$(x+2)(x^2+3x+1) = x^3 + 5x^2 + 7x + 2 = x^3 + 2x + 2$$

$$(x+2)(x^2+3x+2) = x^3 + 5x^2 + 8x + 4 = x^3 + 3x + 4$$

$$(x+2)(x^2+3x+3) = x^3 + 5x^2 + 9x + 6 = \boxed{x^3 + 4x + 1}$$

$$(x+2)(x^2+3x+4) = x^3 + 5x^2 + 10x + 8 = x^3 + 3$$

$$(x+3)(x^2+2x+1) = x^3 + 5x^2 + 7x + 3 = x^3 + 2x + 3$$

$$(x+3)(x^2+2x+2) = x^3 + 5x^2 + 8x + 6 = x^3 + 3x + 1$$

$$(x+3)(x^2+2x+3) = x^3 + 5x^2 + 9x + 9 = \boxed{x^3 + 4x + 4}$$

$$(x+3)(x^2+2x+4) = x^3 + 5x^2 + 10x + 12 = x^3 + 2$$

$$(x+4)(x^2+x+1) = x^3 + 5x^2 + 5x + 4 = x^3 + 4$$

$$(x+4)(x^2+x+2) = x^3 + 5x^2 + 6x + 8 = x^3 + x + 3$$

$$(x+4)(x^2+x+3) = x^3 + 5x^2 + 7x + 12 = x^3 + 2x + 2$$

$$(x+4)(x^2+x+4) = x^3 + 5x^2 + 8x + 16 = x^3 + 3x + 1$$

ここに現れないのが既約多項式ということで、「$x^3 + 4x + 3$」を選びます。さらに「$x^3 + 4x + 3 = 0$」の解を「α」とします。

新たな数「$a + b\alpha + c\alpha^2$」（a、b、c は Z／5Z＝$\{0, 1, 2, 3, 4\}$ の元）の加減乗除は、「$\alpha^3 + 4\alpha + 3 = 0$」つまり $\alpha^3 = -3 - 4\alpha = 2 + \alpha$ の他は、これまで通り Z／5Z で行います。

今回も「$\alpha^3 = 2 + \alpha$」に留意して、1 にどんどん α をかけていきましょう。

$\alpha^0 = 1$

$\alpha^1 = \alpha$

α^2

$\alpha^3 = 2 + \alpha$

$\alpha^4 = \alpha(2 + \alpha) = 2\alpha + \alpha^2$

$\alpha^5 = \alpha(2\alpha + \alpha^2) = 2\alpha^2 + (2 + \alpha) = 2 + \alpha + 2\alpha^2$

$\alpha^6 = \alpha(2 + \alpha + 2\alpha^2) = 2\alpha + \alpha^2 + 2(2 + \alpha) = 4 + 4\alpha + \alpha^2$

$\alpha^7 = \alpha(4 + 4\alpha + \alpha^2) = 4\alpha + 4\alpha^2 + (2 + \alpha) = 2 + 4\alpha^2$

$\alpha^8 = \alpha(2 + 4\alpha^2) = 2\alpha + 4(2 + \alpha) = 3 + \alpha$

$\alpha^9 = \alpha(3 + \alpha) = 3\alpha + \alpha^2$

$\alpha^{10} = \alpha(3\alpha + \alpha^2) = 3\alpha^2 + (2 + \alpha) = 2 + \alpha + 3\alpha^2$

$\alpha^{11} = \alpha(2 + \alpha + 3\alpha^2) = 2\alpha + \alpha^2 + 3(2 + \alpha) = 1 + \alpha^2$

$\alpha^{12} = \alpha(1 + \alpha^2) = \alpha + (2 + \alpha) = 2 + 2\alpha$

$\alpha^{13} = \alpha(2 + 2\alpha) = 2\alpha + 2\alpha^2$

$\alpha^{14} = \alpha(2\alpha + 2\alpha^2) = 2\alpha^2 + 2(2 + \alpha) = 4 + 2\alpha + 2\alpha^2$

$\alpha^{15} = \alpha(4 + 2\alpha + 2\alpha^2) = 4\alpha + 2\alpha^2 + 2(2 + \alpha) = 4 + \alpha + 2\alpha^2$

第4章 ◆ 魔円陣と射影平面

$$\alpha^{16} = \alpha(4 + \alpha + 2\alpha^2) = 4\alpha + \alpha^2 + 2(2 + \alpha) = 4 + \alpha + \alpha^2$$

$$\alpha^{17} = \alpha(4 + \alpha + \alpha^2) = 4\alpha + \alpha^2 + (2 + \alpha) = 2 + \alpha^2$$

$$\alpha^{18} = \alpha(2 + \alpha^2) = 2\alpha + (2 + \alpha) = 2 + 3\alpha$$

$$\alpha^{19} = \alpha(2 + 3\alpha) = 2\alpha + 3\alpha^2$$

$$\alpha^{20} = \alpha(2\alpha + 3\alpha^2) = 2\alpha^2 + 3(2 + \alpha) = 1 + 3\alpha + 2\alpha^2$$

$$\alpha^{21} = \alpha(1 + 3\alpha + 2\alpha^2) = \alpha + 3\alpha^2 + 2(2 + \alpha) = 4 + 3\alpha + 3\alpha^2$$

$$\alpha^{22} = \alpha(4 + 3\alpha + 3\alpha^2) = 4\alpha + 3\alpha^2 + 3(2 + \alpha) = 1 + 2\alpha + 3\alpha^2$$

$$\alpha^{23} = \alpha(1 + 2\alpha + 3\alpha^2) = \alpha + 2\alpha^2 + 3(2 + \alpha) = 1 + 4\alpha + 2\alpha^2$$

$$\alpha^{24} = \alpha(1 + 4\alpha + 2\alpha^2) = \alpha + 4\alpha^2 + 2(2 + \alpha) = 4 + 3\alpha + 4\alpha^2$$

$$\alpha^{25} = \alpha(4 + 3\alpha + 4\alpha^2) = 4\alpha + 3\alpha^2 + 4(2 + \alpha) = 3 + 3\alpha + 3\alpha^2$$

$$\alpha^{26} = \alpha(3 + 3\alpha + 3\alpha^2) = 3\alpha + 3\alpha^2 + 3(2 + \alpha) = 1 + \alpha + 3\alpha^2$$

$$\alpha^{27} = \alpha(1 + \alpha + 3\alpha^2) = \alpha + \alpha^2 + 3(2 + \alpha) = 1 + 4\alpha + \alpha^2$$

$$\alpha^{28} = \alpha(1 + 4\alpha + \alpha^2) = \alpha + 4\alpha^2 + (2 + \alpha) = 2 + 2\alpha + 4\alpha^2$$

$$\alpha^{29} = \alpha(2 + 2\alpha + 4\alpha^2) = 2\alpha + 2\alpha^2 + 4(2 + \alpha) = 3 + \alpha + 2\alpha^2$$

$$\alpha^{30} = \alpha(3 + \alpha + 2\alpha^2) = 3\alpha + \alpha^2 + 2(2 + \alpha) = 4 + \alpha^2$$

$$\alpha^{31} = \alpha(4 + \alpha^2) = 4\alpha + (2 + \alpha) = 2$$

これで「$\alpha^{31} = 2$」と Z／5Z $= \{0, 1, 2, 3, 4\}$ の元になりました。「$\alpha^{31} = 2$」の続きは「$\alpha^{32} = \alpha^{31}\alpha = 2\alpha$」「$\alpha^{33} = 2\alpha^2$」……となり、「$\alpha^{62} = 4$」「$\alpha^{93} = 8 = 3$」「$\alpha^{124} = 6 = 1$」と、$\alpha^{124}$ で元の 1 に戻ります。「$\alpha^{124} = 1$」です。つまり $F_{125}{}^{*}$ の 124 個の元が「α^m」と表されたのです。この α は、有限体 F_{125} の原始根（$F_{125}{}^{*}$ の生成元）です。

有限体 F_{125} の加減乗除は、「$\alpha^3 = 2 + \alpha$」の他は、これまで通り Z／5Z で行います。「乗」「除」は、上記の表を見て一度「α^m」に

するのがお勧めです。ただし表にない場合は、「$\alpha^{31}=2$」を利用します。

◇ F_5 上の射影平面 ◇

F_5 上の射影平面の「点」は 31 個あります。

点 (a, b, c) の a、b、c は $Z / 5Z = \{0, 1, 2, 3, 4\}$ の元なので $5 \times 5 \times 5$ 個ですが、これから $(0, 0, 0)$ を除き、**1倍・2倍・3倍・4倍**した4個の点を同一視すると、$(5 \times 5 \times 5 - 1) \div 4 = 31$ 個となります。

これらの点に、**有限体 F_{125}**（$125 = 5^3$）から 0 を除いた $F_{125}{}^*$ の元を対応させます。ただし、$F_{125}{}^*$ の元も **1倍・2倍・3倍・4倍**した4個の元を同一視します。以下のようになっていることから、「α^0、α^1、α^2、……、α^{30}」と同一視されます。（$\alpha^{31}=2$）

$$\lceil \alpha^{31}、\alpha^{32}、……、\alpha^{61} \rfloor = \lceil 2\alpha^0、2\alpha^1、……、2\alpha^{30} \rfloor$$
$$\lceil \alpha^{62}、\alpha^{63}、……、\alpha^{92} \rfloor = \lceil 4\alpha^0、4\alpha^1、……、4\alpha^{30} \rfloor$$
$$\lceil \alpha^{93}、\alpha^{93}、……、\alpha^{123} \rfloor = \lceil 3\alpha^0、3\alpha^1、……、3\alpha^{30} \rfloor$$

ここで $\alpha^{31}=2$ の「2」は、$Z / 5Z$ の原始根（$(Z / 5Z)^*$ の生成元）です。$\{2^0, 2^1, 2^2, 2^3\} = \{1, 2, 3, 4\}$（順不同）です。

今度は「**直線**」を見ていきましょう。さて、F_5 **上の射影平面**の「直線」は何本あるのでしょうか。

第4章 ● 魔円陣と射影平面

　まず、どの直線上にも点は6個あります。βとγを通る直線には、6点 $\{\beta, \gamma, \beta+\gamma, 2\beta+\gamma, 3\beta+\gamma, 4\beta+\gamma\}$ があるのです。他にもありそうに思えますが、下記のように2倍・3倍・4倍しただけの同一の点です。

$$\beta、\quad \gamma、\quad \beta+\gamma 、\quad 2\beta+\gamma 、\quad 3\beta+\gamma、\quad 4\beta+\gamma$$

$$\left(\begin{array}{l}(\times 2)\quad 2\beta、2\gamma、2\beta+2\gamma、4\beta+2\gamma、\beta+2\gamma、3\beta+2\gamma \\ (\times 3)\quad 3\beta、3\gamma、3\beta+3\gamma、\beta+3\gamma、4\beta+3\gamma、2\beta+3\gamma \\ (\times 4)\quad 4\beta、4\gamma、4\beta+4\gamma、3\beta+4\gamma、2\beta+4\gamma、\beta+4\gamma\end{array}\right)$$

　直線は、31個の点から2個を選ぶ ${}_{31}C_2 = \dfrac{31 \cdot 30}{2 \cdot 1} = 31 \times 15$（本）あるわけではありません。$\{\beta, \gamma, \beta+\gamma, 2\beta+\gamma, 3\beta+\gamma, 4\beta+\gamma\}$ の6個の点から2個を選ぶ ${}_6C_2 = \dfrac{6 \cdot 5}{2 \cdot 1} = 15$（本）ずつは同一の直線なのです。このため直線は $\dfrac{{}_{31}C_2}{{}_6C_2} = 31$（本）となります。「点」と「直線」が同じだけありますね。

　ここでも点「1」と点「α」を通る $\{1, \alpha, 1+\alpha, 2+\alpha, 3+\alpha, 4+\alpha\}$ $= \{1, \alpha, 2+2\alpha, 2+\alpha, 3+\alpha, 2+3\alpha\} = \{\alpha^0, \alpha^1, \alpha^{12}, \alpha^3, \alpha^8, \alpha^{18}\}$ を並べかえた $\{\alpha^0, \alpha^1, \alpha^3, \alpha^8, \alpha^{12}, \alpha^{18}\}$ を「基準の直線」とします。

　α をかけていくと、じつは「直線」は回っていき、31回で元に戻ります。

　次ページの図は、F_5 上の射影平面から得られるビルディングです。

175

◇ **大きさ6の魔円陣(1)** ◇

大きさ6の魔円陣は、$\{\alpha^0, \alpha^1, \alpha^3, \alpha^8, \alpha^{12}, \alpha^{18}\}$ から次のように求まってきます。ここで「$-18=13$」（31で割った余り）です。

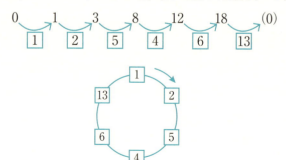

$\boxed{1}$	$\boxed{11} = 2+5+4$	$21 = 13+1+2+5$
$\boxed{2}$	$12 = 1+2+5+4$	$22 = 6+13+1+2$
$3 = 1+2$	$\boxed{13}$	$23 = 4+6+13$
$\boxed{4}$	$14 = 13+1$	$24 = 4+6+13+1$
$\boxed{5}$	$15 = 5+4+6$	$25 = 13+1+2+5+4$
$\boxed{6}$	$16 = 13+1+2$	$26 = 4+6+13+1+2$
$7 = 2+5$	$17 = 2+5+4+6$	$27 = 6+13+1+2+5$
$8 = 1+2+5$	$18 = 1+2+5+4+6$	$28 = 5+4+6+13$
$9 = 5+4$	$19 = 6+13$	$29 = 5+4+6+13+1$
$10 = 4+6$	$20 = 6+13+1$	$30 = 2+5+4+6+13$
		$31 = 1+2+5+4+6+13$

◇ 大きさ6の魔円陣（2）◇

　他の魔円陣を求めるために、点 α を他の点 β（$\beta = \alpha^2$、α^3、……、α^{30}）に取りかえてみましょう。ただし「α、α^5、α^{25}」のときは同じ魔円陣となります。ちなみに $Z/5Z$（5 は素数）の拡大体 F_{125} では「$(a+b)^5 = a^5 + b^5$」です。（p155 参照）また α^{25} をさらに 5 乗しても、$\alpha^{125} = \alpha^{124}\alpha = \alpha$ です。

　それでは $\beta = \alpha^2$ に取りかえて見てみましょう。ちなみに $\beta = \alpha^2$、$(\alpha^2)^5 = \alpha^{10}$、$(\alpha^2)^{25} = \alpha^{50} = \alpha^{19}$、つまり「$\alpha^2$、$\alpha^{10}$、$\alpha^{19}$」のときは同一の魔円陣となります。これからも、（何倍かした）同じ「点」のときは「＝」と記します。（$\alpha^{31} = 1$）

　まず（1 と β を通る）「基準の直線」$\{1, \beta, 1+\beta, 2+\beta, 3+\beta, 4+\beta\}$ の、「$1+\beta$」「$2+\beta$」「$3+\beta$」「$4+\beta$」を見てみます。（次ページの計算では p172、p173 参照）

$$1+\beta = 1+\alpha^2 = \alpha^{11} = \alpha^{11}\alpha^{31} = \alpha^{42} = \beta^{21}$$
$$2+\beta = 2+\alpha^2 = \alpha^{17} = \alpha^{17}\alpha^{31} = \alpha^{48} = \beta^{24}$$
$$3+\beta = 3+\alpha^2 = 4\times(3+\alpha^2) = 2+4\alpha^2 = \alpha^7$$
$$= \alpha^7\alpha^{31} = \alpha^{38} = \beta^{19}$$
$$4+\beta = 4+\alpha^2 = \alpha^{30} = \beta^{15}$$

$\{1, \beta, 1+\beta, 2+\beta, 3+\beta, 4+\beta\} = \{\beta^0, \beta^1, \beta^{21}, \beta^{24}, \beta^{19}, \beta^{15}\}$ を並べかえると $\{\beta^0, \beta^1, \beta^{15}, \beta^{19}, \beta^{21}, \beta^{24}\}$ です。これから求まるのが、次の魔円陣です。

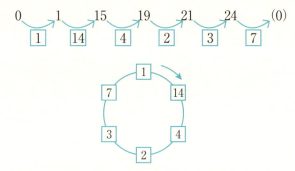

◇ 大きさ6の魔円陣（3）◇

「α、α^5、α^{25}」（p176参照）と「α^2、α^{10}、α^{19}」（p177参照）は済みました。

そこで今度は、$\beta=\alpha^3$ のときを見てみましょう。ちなみに $\beta = \alpha^3$、$(\alpha^3)^5 = \alpha^{15}$、$(\alpha^3)^{25} = \alpha^{75} = \alpha^{13}$、つまり「$\alpha^3$、$\alpha^{15}$、$\alpha^{13}$」のときは同一の魔円陣となります。

第 4 章 ◆ 魔円陣と射影平面

今回も $\{1, \beta, 1+\beta, 2+\beta, 3+\beta, 4+\beta\}$ の「$1+\beta$」「$2+\beta$」「$3+\beta$」「$4+\beta$」を見てみます。（何倍かした）同じ「点」のときは「$=$」と記します。（$\alpha^{31}=1$）（次の計算では p172、p173 参照）

$$1+\beta = 1+\alpha^3 = 1+(2+\alpha) = 3+\alpha = \alpha^8 = \alpha^8 \alpha^{31} = \alpha^{39} = \beta^{13}$$
$$2+\beta = 2+\alpha^3 = 2+(2+\alpha) = 4+\alpha = 2+3\alpha = \alpha^{18} = \beta^6$$
$$3+\beta = 3+\alpha^3 = 3+(2+\alpha) = \alpha = \alpha \alpha^{62} = \alpha^{63} = \beta^{21}$$
$$4+\beta = 4+\alpha^3 = 4+(2+\alpha) = 1+\alpha = 2+2\alpha = \alpha^{12} = \beta^4$$

$\{1, \beta, 1+\beta, 2+\beta, 3+\beta, 4+\beta\} = \{\beta^0, \beta^1, \beta^{13}, \beta^6, \beta^{21}, \beta^4\}$ を並べかえると $\{\beta^0, \beta^1, \beta^4, \beta^6, \beta^{13}, \beta^{21}\}$ です。これから求まるのが、次の魔円陣です。

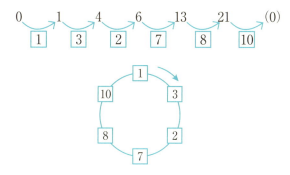

◇ 大きさ 6 の魔円陣（4）◇

「α、α^5、α^{25}」（p176 参照）と「α^2、α^{10}、α^{19}」（p177 参照）と「α^3、α^{13}、α^{15}」（p178 参照）は済みました。

今度は、$\beta=\alpha^4$ のときを見ていきましょう。ちなみに $\beta=\alpha^4$、$(\alpha^4)^5 = \alpha^{20}$、$(\alpha^4)^{25} = \alpha^{100} = \alpha^7$、つまり「$\alpha^4$、$\alpha^{20}$、$\alpha^7$」のときは同一

の魔円陣となります。

いつまで続くのか、と心配かもしれませんね。3個ずつ同じになるので、(31個から点「$1(=\alpha^0)$」を除いた) $30 \div 3 = 10$ 回続けます。でも5個出た段階で、残りの5個は鏡に映したものだろうと期待されます。でも、そうなる根拠は何なのでしょうか。(p198参照)

今回も $\{1, \beta, 1+\beta, 2+\beta, 3+\beta, 4+\beta\}$ の「$1+\beta$」「$2+\beta$」「$3+\beta$」「$4+\beta$」を見ていきます。(何倍かした) 同じ「点」のときは「=」と記します。($\alpha^{31}=1$)(次の計算では p172、p173 参照)

$$1+\beta = 1+\alpha^4 = 1+(2\alpha+\alpha^2) = 4+3\alpha+4\alpha^2 = \alpha^{24} = \beta^6$$
$$2+\beta = 2+\alpha^4 = 2+(2\alpha+\alpha^2) = 1+\alpha+3\alpha^2 = \alpha^{26}\alpha^{62} = \beta^{22}$$
$$3+\beta = 3+\alpha^4 = 3+(2\alpha+\alpha^2) = 1+4\alpha+2\alpha^2 = \alpha^{23}\alpha^{93} = \beta^{29}$$
$$4+\beta = 4+\alpha^4 = 4+(2\alpha+\alpha^2) = 2+\alpha+3\alpha^2 = \alpha^{10}\alpha^{62} = \beta^{18}$$

$\{1, \beta, 1+\beta, 2+\beta, 3+\beta, 4+\beta\} = \{\beta^0, \beta^1, \beta^6, \beta^{22}, \beta^{29}, \beta^{18}\}$ を並べかえると $\{\beta^0, \beta^1, \beta^6, \beta^{18}, \beta^{22}, \beta^{29}\}$ です。これから求まるのが、次の魔円陣です。

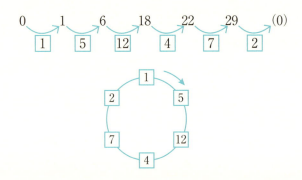

◇ 大きさ6の魔円陣（5）◇

$\beta = \alpha^6$ はまだですが、じつは魔円陣(1)を鏡に映したものが出てくるのです。そこで先に $\beta = \alpha^8$ のときを見てみます。ちなみに $\beta = \alpha^8$、$(\alpha^8)^5 = \alpha^{40} = \alpha^9$、$(\alpha^8)^{25} = \alpha^{200} = \alpha^{14}$、つまり「$\alpha^8$, α^9, α^{14}」のときは同一の魔円陣となります。

今回も $\{1, \beta, 1+\beta, 2+\beta, 3+\beta, 4+\beta\}$ の「$1+\beta$」「$2+\beta$」「$3+\beta$」「$4+\beta$」を見てみます。（何倍かした）同じ「点」のときは「＝」と記します。（$\alpha^{31} = 1$）（次の計算では p172、p173 参照）

$$1+\beta = 1+\alpha^8 = 1+(3+\alpha) = 4+\alpha = 2+3\alpha = \alpha^{18}\alpha^{62} = \beta^{10}$$

$$2+\beta = 2+\alpha^8 = 2+(3+\alpha) = \alpha\alpha^{31} = \beta^4$$

$$3+\beta = 3+\alpha^8 = 3+(3+\alpha) = 1+2+2\alpha = \alpha^{12}\alpha^{124} = \beta^{17}$$

$$4+\beta = 4+\alpha^8 = 4+(3+\alpha) = 2+\alpha = \alpha^3\alpha^{93} = \beta^{12}$$

$\{1, \beta, 1+\beta, 2+\beta, 3+\beta, 4+\beta\} = \{\beta^0, \beta^1, \beta^{10}, \beta^4, \beta^{17}, \beta^{12}\}$ を並べかえると $\{\beta^0, \beta^1, \beta^4, \beta^{10}, \beta^{12}, \beta^{17}\}$ です。これから求まるのが、次の魔円陣です。

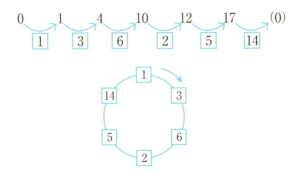

◇ 大きさ6の魔円陣（6）（7）（8）（9）（10）◇

$\beta = \alpha^6$ のときは、以下のようになってきます。

ちなみに $\beta = \alpha^6$、α^{30}、$\alpha^{150} = \alpha^{26}$、つまり「$\alpha^6$、$\alpha^{30}$、$\alpha^{26}$」のときは同一の魔円陣となります。

$\{1, \beta, 1+\beta, 2+\beta, 3+\beta, 4+\beta\} = \{\beta^0, \beta^1, \beta^{29}, \beta^{20}, \beta^{14}, \beta^{24}\}$ を並べかえると $\{\beta^0, \beta^1, \beta^{14}, \beta^{20}, \beta^{24}, \beta^{29}\}$ です。

これから求まるのは、魔円陣（1）を鏡に映したものです。

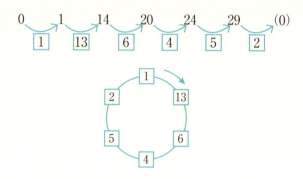

$\beta = \alpha^{11}$ のときは、以下のようになってきます。

ちなみに $\beta = \alpha^{11}$、$\alpha^{55} = \alpha^{24}$、$\alpha^{275} = \alpha^{27}$、つまり「$\alpha^{11}$、$\alpha^{24}$、$\alpha^{27}$」のときは同一の魔円陣となります。

$\{1, \beta, 1+\beta, 2+\beta, 3+\beta, 4+\beta\} = \{\beta^0, \beta^1, \beta^{10}, \beta^{26}, \beta^{14}, \beta^3\}$ を並べかえると $\{\beta^0, \beta^1, \beta^3, \beta^{10}, \beta^{14}, \beta^{26}\}$ です。

これから求まるのは、魔円陣（4）を鏡に映したものです。

第 4 章 ◆ 魔円陣と射影平面

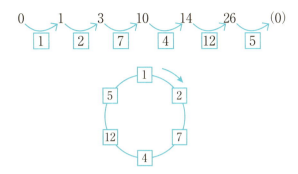

$\beta = \alpha^{12}$ のときは、以下のようになってきます。

ちなみに $\beta = \alpha^{12}$、$\alpha^{60} = \alpha^{29}$、$\alpha^{300} = \alpha^{21}$、つまり「$\alpha^{12}$、$\alpha^{29}$、$\alpha^{21}$」のときは同一の魔円陣となります。

$\{1, \beta, 1+\beta, 2+\beta, 3+\beta, 4+\beta\} = \{\beta^0, \beta^1, \beta^{17}, \beta^8, \beta^{13}, \beta^{11}\}$ を並べかえると $\{\beta^0, \beta^1, \beta^8, \beta^{11}, \beta^{13}, \beta^{17}\}$ です。

これから求まるのは、魔円陣(2)を鏡に映したものです。

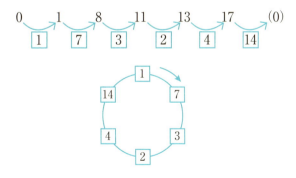

$\beta = \alpha^{16}$ のときは、以下のようになってきます。

ちなみに $\beta = \alpha^{16}$、$\alpha^{80} = \alpha^{18}$、$\alpha^{400} = \alpha^{28}$、つまり「$\alpha^{16}$、$\alpha^{18}$、$\alpha^{28}$」のときは同一の魔円陣となります。

$\{1, \beta, 1+\beta, 2+\beta, 3+\beta, 4+\beta\} = \{\beta^0, \beta^1, \beta^{26}, \beta^{19}, \beta^{28}, \beta^{11}\}$ を並べかえると $\{\beta^0, \beta^1, \beta^{11}, \beta^{19}, \beta^{26}, \beta^{28}\}$ です。

これから求まるのは、魔円陣(3)を鏡に映したものです。

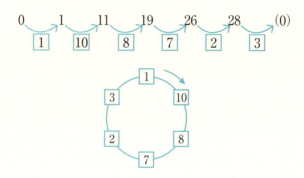

$\beta = \alpha^{17}$ のときは、以下のようになってきます。

ちなみに $\beta = \alpha^{17}$、$\alpha^{85} = \alpha^{23}$、$\alpha^{425} = \alpha^{22}$、つまり「$\alpha^{17}$、$\alpha^{23}$、$\alpha^{22}$」のときは同一の魔円陣となります。

$\{1, \beta, 1+\beta, 2+\beta, 3+\beta, 4+\beta\} = \{\beta^0, \beta^1, \beta^{15}, \beta^{20}, \beta^{22}, \beta^{28}\}$ です。

これから求まるのは、魔円陣(5)を鏡に映したものです。

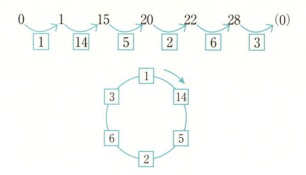

第4章 ◆ 魔円陣と射影平面

　これですべての場合が尽くされました。大きさ6の魔円陣は（本質的に）次の5通りが見つかったのです。

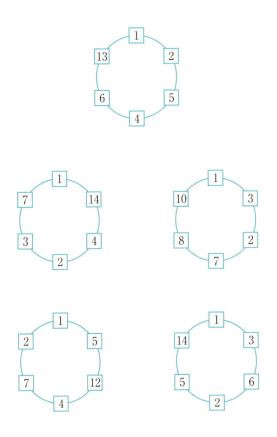

大きさ6の魔円陣

12 大きさ5の魔円陣

◇ 有限体 F_{64} ◇

大きさ5より1小さい $5-1=4$ は「素数」ではありません。でも $4=2^2$ と「素数の累乗（べき乗）」なので、有限体 F_4 は存在し、すでに前章で見てきました。（p106参照）$F_4=\{0, 1, \alpha, 1+\alpha\}$（$\alpha^2=1+\alpha$）です。

ここでは（混同を避けるために）、α ではなく ω と記すことにします。$F_4=\{0, 1, \omega, \omega^2\}$（$\omega^2=1+\omega$）です。「$a+b\omega$」の a、b は $Z／2Z=\{0, 1\}$ の元で、「2で割った余り」です。（下記は p108参照）

和	0	1	ω	$1+\omega$
0	0	1	ω	$1+\omega$
1	1	0	$1+\omega$	ω
ω	ω	$1+\omega$	0	1
$1+\omega$	$1+\omega$	ω	1	0

積	0	1	ω	(ω^2) $1+\omega$
0	0	0	0	0
1	0	1	ω	$1+\omega$
ω	0	ω	$1+\omega$	1
(ω^2) $1+\omega$	0	$1+\omega$	1	ω

それでは大きさ5の魔円陣を、F_4 上の射影平面を用いて作っていきましょう。今回は F_4 上の射影平面の「点」(a, b, c) に、有限体 F_{64}（$64=4^3$）から0を除いた $F_{64}{}^*$ の元を対応させます。ただし、「点」も「元」も ω 倍・ω^2 倍したものは同一視します。次の a、b、c は、$F_4=\{0, 1, \omega, \omega^2\}$（$\omega^2=1+\omega$）の元です。

$$(a, b, c) \iff a + b\alpha + c\alpha^2$$
$$(\alpha \text{ はこれから決定})$$

さっそく有限体 F_{64} を作っていきましょう。

まずは F_4 で因数分解されない**3次の既約多項式**、つまり可約多項式でないものを探します。じつはこれまでも、勝手に既約多項式を選んでいたわけではありません。その解を「α」としたとき、「α^m」が有限体 F_{64} から 0 を除いた $F_{64}{}^*$ のすべての元を表すようなものを選んでいたのです。つまり α は F_{64} の**原始根**（$F_{64}{}^*$ の**生成元**）です。じつは有限体には、必ず原始根が存在するのです。（p240 参照）

今回も可約多項式が多いため、x^2 の係数が 1 であるものに絞って見ていきます。（$x^3 + x^2 + x$ 等の明らかに可約なものは省略します。）$Z / 2Z = \{0, 1\}$ では「$2 = 0$」です。また「$\omega^3 = 1$」「$\omega^2 + \omega = 1$」「$\omega + 1 = \omega^2$」「$\omega^2 + 1 = \omega$」です。

$$(x+1)(x^2 \qquad +1) = \boxed{x^3 + 1x^2 + x + 1}$$
$$(x+1)(x^2 \qquad +\omega) = x^3 + 1x^2 + \omega x + \omega$$
$$(x+1)(x^2 \qquad +\omega^2) = x^3 + 1x^2 + \omega^2 x + \omega^2$$
$$(x+\omega)(x^2 + \omega^2 x + 1) = x^3 + 1x^2 \qquad\qquad + \omega$$
$$(x+\omega)(x^2 + \omega^2 x + \omega) = x^3 + 1x^2 + \omega^2 x + \omega^2$$
$$(x+\omega)(x^2 + \omega^2 x + \omega^2) = x^3 + 1x^2 + \omega x + 1$$
$$(x+\omega^2)(x^2 + \omega x + 1) = x^3 + 1x^2 \qquad\qquad + \omega^2$$

$$(x+\omega^2)(x^2+\omega x+\omega)=x^3+1x^2+\omega^2x+1$$

$$(x+\omega^2)(x^2+\omega x+\omega^2)=x^3+1x^2+\omega x+\omega$$

　ここに現れないのが既約多項式ということで、「$x^3+x^2+x+\omega$」を選びます。さらに「$x^3+x^2+x+\omega=0$」の解を「α」とします。新たな数「$a+b\alpha+c\alpha^2$」（a、b、c は $F_4=\{0,\ 1,\ \omega,\ \omega^2\}$ の元）の加減乗除は、「$\alpha^3+\alpha^2+\alpha+\omega=0$」つまり $\alpha^3=-\omega-\alpha-\alpha^2=\omega+\alpha+\alpha^2$ とする他は、これまで通り「$\omega^3=1$」「$\omega^2+\omega=1$」「$2=0$」等に留意して行います。

　それでは「$\alpha^3=\omega+\alpha+\alpha^2$」として、1 にどんどん α をかけていきましょう。「α^m」が $F_{64}{}^*$ の 63 個のすべての元を表すか、つまり 63 乗で初めて「$\alpha^{63}=1$」となるかを見ていくのです。

$\alpha^0=1$

$\alpha^1=\alpha$

α^2

$\alpha^3=\omega+\alpha+\alpha^2$

$\alpha^4=\omega\alpha+\alpha^2+(\omega+\alpha+\alpha^2)=\omega+\omega^2\alpha$

$\alpha^5=\omega\alpha+\omega^2\alpha^2$

$\alpha^6=\omega\alpha^2+\omega^2(\omega+\alpha+\alpha^2)=1+\omega^2\alpha+\alpha^2$

$\alpha^7=\alpha+\omega^2\alpha^2+(\omega+\alpha+\alpha^2)=\omega+\omega\alpha^2$

$\alpha^8=\omega\alpha+\omega(\omega+\alpha+\alpha^2)=\omega^2+\omega\alpha^2$

$\alpha^9=\omega^2\alpha+\omega(\omega+\alpha+\alpha^2)=\omega^2+\alpha+\omega\alpha^2$

$\alpha^{10}=\omega^2\alpha+\alpha^2+\omega(\omega+\alpha+\alpha^2)=\omega^2+\alpha+\omega^2\alpha^2$

第 4 章 ◆ 魔円陣と射影平面

$$\alpha^{11} = \omega^2\alpha + \alpha^2 + \omega^2(\omega + \alpha + \alpha^2) = 1 + \omega\alpha^2$$

$$\alpha^{12} = \alpha + \omega(\omega + \alpha + \alpha^2) = \omega^2 + \omega^2\alpha + \omega\alpha^2$$

$$\alpha^{13} = \omega^2\alpha + \omega^2\alpha^2 + \omega(\omega + \alpha + \alpha^2) = \omega^2 + \alpha + \alpha^2$$

$$\alpha^{14} = \omega^2\alpha + \alpha^2 + (\omega + \alpha + \alpha^2) = \omega + \omega\alpha$$

$$\alpha^{15} = \omega\alpha + \omega\alpha^2$$

$$\alpha^{16} = \omega\alpha^2 + \omega(\omega + \alpha + \alpha^2) = \omega^2 + \omega\alpha$$

$$\alpha^{17} = \omega^2\alpha + \omega\alpha^2$$

$$\alpha^{18} = \omega^2\alpha^2 + \omega(\omega + \alpha + \alpha^2) = \omega^2 + \omega\alpha + \alpha^2$$

$$\alpha^{19} = \omega^2\alpha + \omega\alpha^2 + (\omega + \alpha + \alpha^2) = \omega + \omega\alpha + \omega^2\alpha^2$$

$$\alpha^{20} = \omega\alpha + \omega\alpha^2 + \omega^2(\omega + \alpha + \alpha^2) = 1 + \alpha + \alpha^2$$

$$\alpha^{21} = \alpha + \alpha^2 + (\omega + \alpha + \alpha^2) = \omega$$

これで「$\alpha^{21} = \omega$」と $F_4 = \{0, 1, \omega, \omega^2\}$ の元になりました。この「$\alpha^{21} = \omega$」から、さらに「$\alpha^{42} = \omega^2$」、「$\alpha^{63} = 1$」となります。$F_{64}{}^*$ の 63 個の元が「α^m」と表されるのです。この α は、有限体 F_{64} の原始根（$F_{64}{}^*$ の生成元）です。

◇ F_4 上の射影平面 ◇

F_4 上の射影平面の「点」は 21 個あります。

点 (a, b, c) の a、b、c は $F_4 = \{0, 1, \omega, \omega^2\}$ の元なので $4 \times 4 \times 4$ 個ですが、これから $(0, 0, 0)$ を除き、1 倍・ω 倍・ω^2 倍した 3 個の点を同一視すると、$(4 \times 4 \times 4 - 1) \div 3 = 21$ 個となります。

これらの点に、有限体 F_{64}（$64 = 4^3$）から 0 を除いた $F_{64}{}^*$ の元を対応させます。ただし、$F_{64}{}^*$ の元も 1 倍・ω 倍・ω^2 倍した 3 個

189

の元を同一視します。次のことから、「α^0、α^1、α^2、……、α^{20}」と同一視されます。

$$「\alpha^{21}、\alpha^{22}、……、\alpha^{41}」=「\omega\alpha^0、\omega\alpha^1、……、\omega\alpha^{20}」$$

$$「\alpha^{42}、\alpha^{43}、……、\alpha^{62}」=「\omega^2\alpha^0、\omega^2\alpha^1、……、\omega^2\alpha^{20}」$$

これからも「数」としては異なっても、「点」として同一のときは「＝」と記します。$\alpha^0=\alpha^{21}=\alpha^{42}=\alpha^{63}$ です。

さて F_4 上の射影平面の「直線」は何本あるのでしょうか。

まず、どの直線上にも点は5個あります。β と γ を通る直線上には、5点 $\{\beta, \gamma, \beta+\gamma, \omega\beta+\gamma, \omega^2\beta+\gamma\}$ があるのです。他にもありそうに思えますが、下記のように ω 倍、ω^2 倍しただけの同一の点です。

$$\beta、\quad\gamma、\quad\beta+\gamma、\quad\omega\beta+\gamma、\quad\omega^2\beta+\gamma$$

$$\left(\begin{array}{l}(\times\omega)\quad \omega\beta、\ \omega\gamma、\ \omega\beta+\omega\gamma、\ \omega^2\beta+\omega\gamma、\ \beta+\omega\gamma\\(\times\omega^2)\quad \omega^2\beta、\ \omega^2\gamma、\ \omega^2\beta+\omega^2\gamma、\ \beta+\omega^2\gamma、\ \omega\beta+\omega^2\gamma\end{array}\right)$$

直線は、21個の点から2個を選ぶ $_{21}C_2=\dfrac{21\cdot20}{2\cdot1}=21\times10$（本）あるわけではありません。$\{\beta, \gamma, \beta+\gamma, \omega\beta+\gamma, \omega^2\beta+\gamma\}$ の5個の点から2個を選ぶ $_5C_2=\dfrac{5\cdot4}{2\cdot1}=10$（本）ずつは同一の直線なので、

$\frac{_{21}C_2}{_5C_2} = 21$（本）となります。「点」と「直線」が同じだけあります
ね。

ここでも点「1」と点「α」を通る $\{1, \alpha, 1+\alpha, \omega+\alpha, \omega^2+\alpha\} = \{1, \alpha, \omega+\omega\alpha, \omega^2+\omega\alpha, \omega+\omega^2\alpha\} = \{\alpha^0, \alpha^1, \alpha^{14}, \alpha^{16}, \alpha^4\}$ を並べかえた $\{\alpha^0, \alpha^1, \alpha^4, \alpha^{14}, \alpha^{16}\}$ を「基準の直線」とします。

α をかけていくと、じつは「直線」は回っていき、21 回で元に戻ります。

下記は、F_4 上の射影平面から得られるビルディングです。

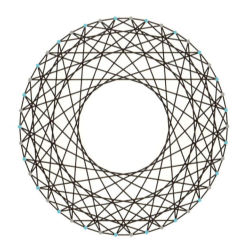

◇ **大きさ 5 の魔円陣** ◇

大きさ 5 の魔円陣は、$\{\alpha^0, \alpha^1, \alpha^4, \alpha^{14}, \alpha^{16}\}$ から次のように求まってきます。ここで「$-16 = 5$」（21 で割った余り）です。（$\alpha^{21} = 1$）

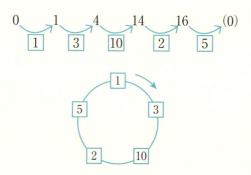

　他の魔円陣を求めるために、これまで点 α を他の点 β ($\beta = \alpha^2$、α^3、……、α^{20}) に取りかえてきました。$\alpha^0 = 1$ を除く残りの点に取りかえたのです。

　じつは大きさ 3、4、6 の魔円陣のときは、射影平面の点の個数が 7 個、13 個、31 個といずれも素数だったため、すべての点が取りかえの対象となってきました。どの点 β と取りかえても、またすべての点が「β^m」と表されるからです。

　ところが大きさ 5 の魔円陣では、射影平面の点の個数が $21 = 3 \times 7$ 個と合成数です。このため、たとえば $\beta = \alpha^3$ と取りかえると、$\beta^7 = \alpha^{21} = \omega$ と 7 乗で点 1 (= 点 ω) に戻ってしまい、すべての点を網羅することが出来ません。じつは取りかえ対象となるのは、α^m の m が $21 = 3 \times 7$ と互いに素、つまり 3 でも 7 でも割り切れないものだけで、次の通りです。

　　　　　1　　2　　3̸　　4　　5　　6̸　　7̸
　　　　　8　　9̸　　10　　11　　1̸2　　13　　1̸4
　　　　　1̸5　16　　17　　1̸8　　19　　20　　2̸1

第 4 章 ◆ 魔円陣と射影平面

1、2、3、……、m の中で m と「互いに素」な整数の個数は、$\phi(m)$ と記されます。$\phi(m)$ は**オイラー関数**です。

取りかえ対象の $\beta = \alpha^m$ の m は、次の $\phi(21) = 12$（個）です。

$$1 \qquad 2 \qquad 4 \qquad 5 \qquad 8 \qquad 10$$
$$11 \qquad 13 \qquad 16 \qquad 17 \qquad 19 \qquad 20$$

まずは、取りかえても同じ魔円陣が出てくる α^m の m を見てみましょう。

じつは今回は、「α^1、α^4、α^{16}」の 3 個だけではありません。α^2、α^8、α^{32}（$= \alpha^{11}$）の 3 個を追加した「α^1, α^2, α^4, α^8, α^{16}, α^{32}」の $3 \times 2 = 6$ 個から、同じ魔円陣が出てくるのです。ちなみに α^{32} をさらに 2 乗しても、$\alpha^{64} = \alpha^1$ です。

このことは $\{1, \alpha, 1+\alpha, \omega+\alpha, \omega^2+\alpha\}$ を 2 乗してみれば分かります。$(1+\alpha)^2 = 1 + \alpha^2$ はこれまで通りですが（p155 参照）、さらに $(\omega+\alpha)^2 = \omega^2 + \alpha^2$、$(\omega^2+\alpha)^2 = \omega + \alpha^2$ と入れかわるだけなのです。もちろん、さらに 2 乗していっても同様です。

それでは「α^1, α^2, α^4, α^8, α^{16}, α^{32}（$= \alpha^{11}$）」の残りと取りかえることにしましょう。

$$\cancel{1} \qquad \cancel{2} \qquad \cancel{4} \qquad 5 \qquad \cancel{8} \qquad 10$$
$$\cancel{11} \qquad 13 \qquad \cancel{16} \qquad 17 \qquad 19 \qquad 20$$

この中の $\beta = \alpha^5$ と取りかえますが、$\beta = \alpha^5$、$(\alpha^5)^2 = \alpha^{10}$、$(\alpha^5)^4 = \alpha^{20}$、$(\alpha^5)^8 = \alpha^{19}$、$(\alpha^5)^{16} = \alpha^{17}$、$(\alpha^5)^{32} = \alpha^{13}$、つまり「$\alpha^5$, α^{10}, α^{20}, α^{19}, α^{17}, α^{13}」のときは同一の魔円陣となります。

今回も $\{1, \beta, 1+\beta, \omega+\beta, \omega^2+\beta\}$ の「$1+\beta$」「$\omega+\beta$」「$\omega^2+\beta$」を見てみましょう。（ω **倍・**ω^2 **倍**した）同一の点のときは「$=$」と

193

記します。($\alpha^{21}=1$)（次の計算では p188、p189 参照）

$$1+\beta = 1+\alpha^5 = 1+(\omega\alpha+\omega^2\alpha^2)$$
$$(\omega^2 \text{倍}) = \omega^2+\alpha+\omega\alpha^2 = \alpha^9\alpha^{21} = \beta^6$$
$$\omega+\beta = \omega+\alpha^5 = \omega+(\omega\alpha+\omega^2\alpha^2) = \alpha^{19}\alpha^{21} = \beta^8$$
$$\omega^2+\beta = \omega^2+\alpha^5 = \omega^2+(\omega\alpha+\omega^2\alpha^2)$$
$$(\omega \text{倍}) = 1+\omega^2\alpha+1\alpha^2 = \alpha^6\alpha^{84} = \beta^{18}$$

$\{1, \beta, 1+\beta, \omega+\beta, \omega^2+\beta\} = \{\beta^0, \beta^1, \beta^6, \beta^8, \beta^{18}\}$ です。これから出るのは、先ほどの魔円陣を鏡に映したものです。

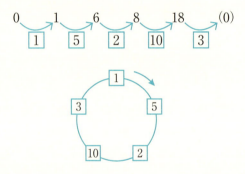

大きさ 5 の魔円陣は、（本質的には）次の 1 通りしか見つかりませんでしたね。

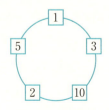

大きさ 5 の魔円陣

第4章 ● 魔円陣と射影平面

コラム VI 大きさ 18 の魔円陣

魔円陣を作るには、試行錯誤という「竹やり」ではなく、有限体という「武器」が威力を発揮しましたね。その有限体を創造したのは、ガロア理論で有名なガロア（E. Galois）です。じつはガロアは、経緯不明の決闘により、何と 20 歳で亡くなりました。

決闘に至った原因は定かではありませんが、うわさの 1 つに、大きさ 18 の魔円陣が関わるものがあります。ガロアが出したこの問題があまりに難しくて、決闘相手の不興をかったというのです。（参考文献 [5] 参照）

> 307 本の木が、池の周囲に等間隔に植えられている。
>
> 18 人の士官に木を選ばせて、どの士官からスタートして（時計回りに）別の士官への間隔を計っても、それらの間隔がすべて異なるようにせよ。

これは、大きさ 18 の魔円陣を作る問題ですね。ちなみに $307 = 18^2 - 18 + 1$ です。（p141 参照）

大きさ 18 なら、$18 - 1 = 17$ は素数です。有限体 F_{17} は $Z／17Z = \{0, 1, 2, \cdots\cdots, 16\}$（17 で割った余り）です。この F_{17} 上の射影平面を用いれば、これまで通り大きさ 18 の魔円陣が作られます。

魔円陣は、いったん作ってしまえば「たし算」の練習にピッタリですね。あらかじめ「1、2、3、……」と書いた表を用意して、「1＋2、2＋24、……、1＋2＋24、2＋24＋15、……」を求め、その横に記入して

いくのです。

　大きさ 18 ともなると、「1 から 307」までです。(ガウスのような子がいなければ) これで 1 時間ぐらい自習に出来るかもしれませんね。(下記は参考文献 [5] を元にしたもので、51 通りある大きさ 18 の魔円陣の中の 1 つです。) (残りはコラムⅦ参照)

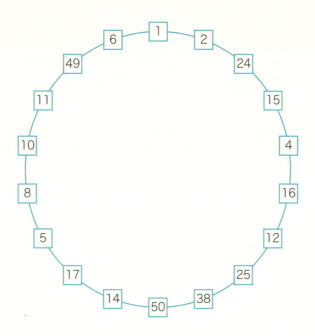

大きさ 18 の魔円陣 (1 個目)

第5章
（続）魔円陣

大きさ6の魔円陣は10通り見つかったけど、どの2つが鏡に映した関係かな？ヒントは対称性に着目することだよ。「鏡に映して、もう一度鏡に映すと、元に戻る」のさ。

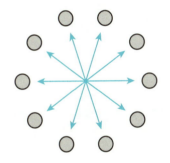
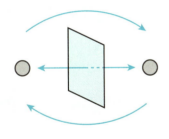

どうして鏡に映した魔円陣が必ず出てくるの？大きさ順に並べかえたり、差を求めたり、けっこう複雑だったけど……。

（答は p204 ～ p207 参照）

13 鏡に映した関係にある魔円陣

◇ **大きさ3の魔円陣** ◇

魔円陣を鏡に映すと、また魔円陣になります。

それでは、(有限体上の射影平面を用いた手法で出てくる) 2つの魔円陣が、鏡に映した関係にあるのはどういう場合でしょうか。

そもそも、(この手法では、魔円陣は複雑な過程を経て作られるのに) 鏡に映した魔円陣が必ず出てくる根拠は何なのでしょうか。

まずは順に振り返り、状況を把握することにしましょう。

大きさ3の魔円陣は、そもそも2通りしか見つからず、その2つの魔円陣が (なぜか) 互いに鏡に映した関係になっていました。

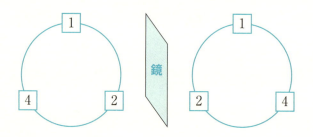

「$x^3+x+1=0$」の解を「α」としたとき、「α、α^2、α^4」から出た魔円陣と、「α^3、α^5、α^6」から出た魔円陣が、互いに鏡に映した関係になっていたのです。

これらの「α、α^2、α^4」「α^3、α^6、α^5」を「1、2、4」、「3、6、5」と指数で記し、さらに $(Z/7Z)^*$ の生成元「3」を用いて表すと、

次のようになっています。

「1、2、4」=「3^0、3^2、3^4」

「3、6、5」=「3^1、3^3、3^5」=「$3^1 3^0$、$3^1 3^2$、$3^1 3^4$」

ここで $\{3^1, 3^3, 3^5\} = 3\{3^0, 3^2, 3^4\}$ と記すと、次のようになっています。

左の $\{3^0, 3^2, 3^4\}$ に3をかけると、右の $3\{3^0, 3^2, 3^4\}$ になります。逆に右の $3\{3^0, 3^2, 3^4\}$ に3をかけると、$3^2\{3^0, 3^2, 3^4\} = \{3^2, 3^4, 3^6(=3^0)\}$ と左の $\{3^0, 3^2, 3^4\}$ に戻ります。

「α、α^2、α^4」「α^3、α^6、α^5」では、「3倍」ではなく「3乗」となってきます。

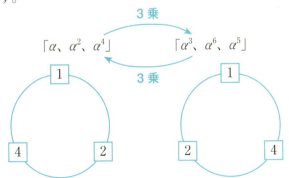

「どの2点を通る直線を用いて魔円陣を作るか」(「1とβ」のβ)という段階で、すでに「鏡に映して、また鏡に映すと、元に戻る」という関係になっていますね。だからといって、魔円陣の方も互いに鏡に映した関係になる、という根拠にはなりませんが……。

◇ 大きさ4の魔円陣 ◇

大きさ4の魔円陣では、4通り見つかった魔円陣の中の2つずつが、(なぜか) 互いに鏡に映した関係にありました。

「$x^3+2x+1=0$」の解を「$α$」としたとき、1つ目は「$α$、$α^3$、$α^9$」と「$α^4$、$α^{12}$、$α^{10}$」で、2つ目は「$α^2$、$α^6$、$α^5$」と「$α^8$、$α^{11}$、$α^7$」でした。

これらを「1、3、9」、「4、12、10」、「2、6、5」、「8、11、7」と指数で記し、$(Z/13Z)^*$ の生成元「2」を用いて表すと、次のようになっています。

「1、3、9」=「2^0、2^4、2^8」

「2、6、5」=「2^1、2^5、2^9」=「$2^1 2^0$、$2^1 2^4$、$2^1 2^8$」

「4、12、10」=「2^2、2^6、2^{10}」=「$2^2 2^0$、$2^2 2^4$、$2^2 2^8$」

「8、11、7」=「2^3、2^7、2^{11}」=「$2^3 2^0$、$2^3 2^4$、$2^3 2^8$」

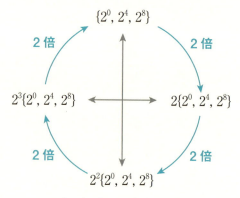

ちなみに上下の「$\{2^0, 2^4, 2^8\}$ と $2^2\{2^0, 2^4, 2^8\}$」、左右の「$2\{2^0, 2^4, 2^8\}$ と $2^3\{2^0, 2^4, 2^8\}$」は、「2^2 倍」で互いに入れかわります。($2^{12}=1=2^0$)

$2^2 \times 2^2 \{2^0, 2^4, 2^8\} = \{2^4, 2^8, 2^{12}\} = \{2^4, 2^8, 2^0\}$

$2^2 \times 2^3 \{2^0, 2^4, 2^8\} = 2 \times 2^4 \{2^0, 2^4, 2^8\} = 2\{2^4, 2^8, 2^0\}$

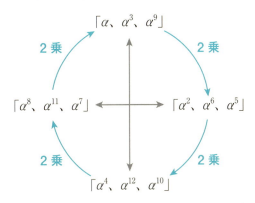

互いに鏡に映した魔円陣が出てくるのは、じつは向かい合った同士からです。ちなみに向かい合った同士は、互いに「2^2乗」した関係にあります。実際にそうなっていることを確認していきましょう。(p165～p169参照)($\alpha^{13}=1$)

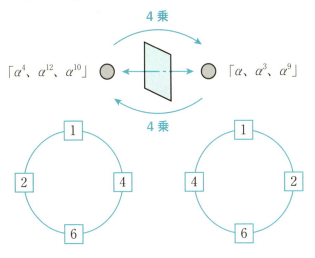

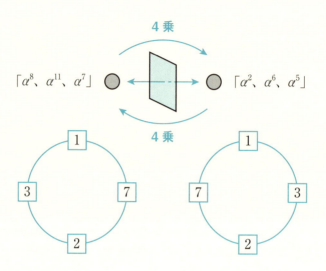

◇ 大きさ6の魔円陣 ◇

大きさ6の魔円陣では、10通り見つかった魔円陣の中の2つずつが、(なぜか)互いに鏡に映した関係にありました。

$(Z/31Z)^*$の生成元「3」の累乗(べき乗)(31で割った余り)は、次のようになっています。ここで(青字の)0は、3^0の0乗です。確かに1から30までの数が全部出てきていますね。

0	1	2	3	4	5	6	7	8	9
1	3	9	27	19	26	16	17	20	29
10	11	12	13	14	15	16	17	18	19
25	13	8	24	10	30	28	22	4	12
20	21	22	23	24	25	26	27	28	29
5	15	14	11	2	6	18	23	7	21

第5章 ◆ （続）魔円陣

「$x^3 + 4x + 3 = 0$」の解を「α」としたとき、「α^1、α^{25}、α^5」を「1、25、5」と指数で記します。「1、25、5」は前ページの表の1列目です。同じ魔円陣となる各組「__、__、__」は、横に1列ずつずらしたものです。(Z／31Z)*の生成元「3」を用いて表すと、次のようになっています。

$$\text{「}\alpha^1\text{、}\alpha^{25}\text{、}\alpha^5\text{」} \quad \leftrightarrow \quad \text{「1、25、5」} = \text{「}3^0\text{、}3^{10}\text{、}3^{20}\text{」}$$

$$\text{「}\alpha^3\text{、}\alpha^{13}\text{、}\alpha^{15}\text{」} \quad \leftrightarrow \quad \text{「3、13、15」} = \text{「}3^1\text{、}3^{11}\text{、}3^{21}\text{」}$$

$$\text{「}\alpha^9\text{、}\alpha^8\text{、}\alpha^{14}\text{」} \quad \leftrightarrow \quad \text{「9、8、14」} = \text{「}3^2\text{、}3^{12}\text{、}3^{22}\text{」}$$

$$\text{「}\alpha^{27}\text{、}\alpha^{24}\text{、}\alpha^{11}\text{」} \quad \leftrightarrow \quad \text{「27、24、11」} = \text{「}3^3\text{、}3^{13}\text{、}3^{23}\text{」}$$

$$\text{「}\alpha^{19}\text{、}\alpha^{10}\text{、}\alpha^2\text{」} \quad \leftrightarrow \quad \text{「19、10、2」} = \text{「}3^4\text{、}3^{14}\text{、}3^{24}\text{」}$$

$$\text{「}\alpha^{26}\text{、}\alpha^{30}\text{、}\alpha^6\text{」} \quad \leftrightarrow \quad \text{「26、30、6」} = \text{「}3^5\text{、}3^{15}\text{、}3^{25}\text{」}$$

$$\text{「}\alpha^{16}\text{、}\alpha^{28}\text{、}\alpha^{18}\text{」} \quad \leftrightarrow \quad \text{「16、28、18」} = \text{「}3^6\text{、}3^{16}\text{、}3^{26}\text{」}$$

$$\text{「}\alpha^{17}\text{、}\alpha^{22}\text{、}\alpha^{23}\text{」} \quad \leftrightarrow \quad \text{「17、22、23」} = \text{「}3^7\text{、}3^{17}\text{、}3^{27}\text{」}$$

$$\text{「}\alpha^{20}\text{、}\alpha^4\text{、}\alpha^7\text{」} \quad \leftrightarrow \quad \text{「20、4、7」} = \text{「}3^8\text{、}3^{18}\text{、}3^{28}\text{」}$$

$$\text{「}\alpha^{29}\text{、}\alpha^{12}\text{、}\alpha^{21}\text{」} \quad \leftrightarrow \quad \text{「29、12、21」} = \text{「}3^9\text{、}3^{19}\text{、}3^{29}\text{」}$$

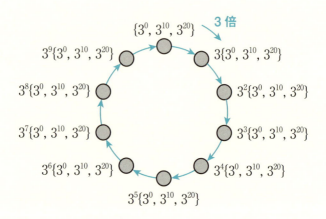

上図左上の $3^9\{3^0, 3^{10}, 3^{20}\}$ を「3倍」した $3 \times 3^9\{3^0, 3^{10}, 3^{20}\}$ は、$3^{10}\{3^0, 3^{10}, 3^{20}\} = \{3^{10}, 3^{20}, 3^{30}\} = \{3^{10}, 3^{20}, 3^0\}$ となり、元の $\{3^0, 3^{10}, 3^{20}\}$ に戻ります。($3^{30} = 1 (= 3^0)$)

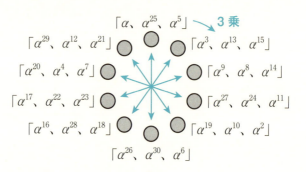

　互いに鏡に映した関係の魔円陣が出てくるのは、じつは向かい合った同士からです。その向かい合った同士は、互いに（「3乗」を「10÷2=5回」繰り返した）「3^5乗」した関係にあります。Z／31Zでは「3^5乗」＝「26乗」です。これから、実際にそうなっていることを確認していきましょう。（p176〜p184参照）

第 5 章 ◆（続）魔円陣

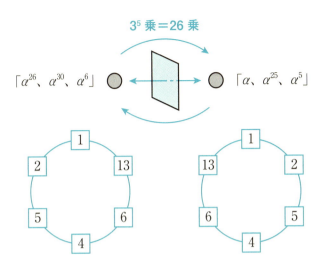

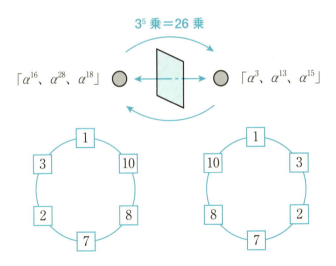

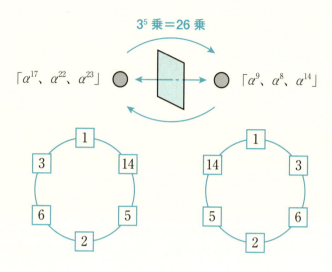

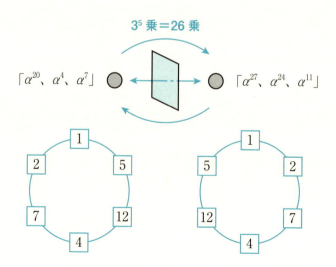

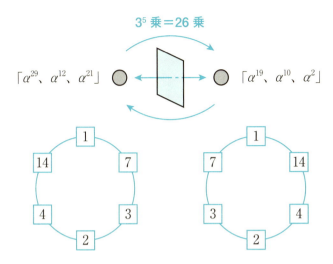

◇ 大きさ5の魔円陣 ◇

大きさ5の魔円陣では、2通り見つかった魔円陣が、（なぜか）互いに鏡に映した関係になっていました。

さて $(Z/21Z)^*$ は、じつは $Z/21Z$ から0だけを除いたものではありません。$21 = 3 \times 7$ と合成数なので、そもそも $Z/21Z$ は「体」ではないのです。そこで0だけでなく、21と「互いに素」でない数もすべて除いたものが $(Z/21Z)^*$ です。（p192参照）

$(Z/21Z)^* = \{1, 2, 4, 5, 8, 10, 11, 13, 16, 17, 19, 20\}$

この $(Z/21Z)^*$ ですが、じつは $(Z/3Z)^* \times (Z/7Z)^*$ とみなせます。$(Z/21Z)^*$ の元 x に、$(Z/3Z)^*$ の元 a と $(Z/7Z)^*$ の元 b を組にした (a, b) が対応するのです。

x に対応する (a, b) は、x を「3で割った余り」を a、x を「7で割った余り」を b とするだけです。

1	→	(1, 1)	2	→	(2, 2)
4	→	(1, 4)	5	→	(2, 5)
8	→	(2, 1)	10	→	(1, 3)
11	→	(2, 4)	13	→	(1, 6)
16	→	(1, 2)	17	→	(2, 3)
19	→	(1, 5)	20	→	(2, 6)

　逆に (a, b) に対応する x は、以下のことから「$7a-6b$」を 21 で割った余りとします。

　そもそも x は、「3 で割った余り」が a、「7 で割った余り」が b となる数にしたいのです。そんな x は、$(x-a)$ が 3 で、$(x-b)$ が 7 で割り切れます。このため $7(x-a)$ は $7 \times 3 = 21$ で、$3(x-b)$ も $3 \times 7 = 21$ で割り切れます。こうなると $(7x-7a)-2(3x-3b) = x-(7a-6b)$ も 21 で割り切れます。「x」と「$7a-6b$」は、21 で割った余りが同じなのです。そこで x を、「$7a-6b$」を 21 で割った余りとするのです。

(1, 1)	→	$7-6=1$	(2, 2)	→	$14-12=2$
(1, 4)	→	$7-24=-17=4$	(2, 5)	→	$14-30=-16=5$
(2, 1)	→	$14-6=8$	(1, 3)	→	$7-18=-11=10$
(2, 4)	→	$14-24=-10=11$	(1, 6)	→	$7-36=-29=13$
(1, 2)	→	$7-12=-5=16$	(2, 3)	→	$14-18=-4=17$
(1, 5)	→	$7-30=-23=19$	(2, 6)	→	$14-36=-22=20$

　$(\mathrm{Z}／3\mathrm{Z})^*$ の生成元「2」と、$(\mathrm{Z}／7\mathrm{Z})^*$ の生成元「3」を用いると、次のようになっています。

第5章 ◆（続）魔円陣

a \ b	1 3^0	3 3^1	2 3^2	6 3^3	4 3^4	5 3^5
1 2^0	1	10	16	13	4	19
2 2^1	8	17	2	20	11	5

「α^1、α^{16}、α^4、α^8、α^2、α^{11}」

↔ 「1、16、4、8、2、11」

↔ 「$(2^0, 3^0)$、$(2^0, 3^2)$、$(2^0, 3^4)$、$(2^1, 3^0)$、$(2^1, 3^2)$、$(2^1, 3^4)$」

「α^{20}、α^5、α^{17}、α^{13}、α^{19}、α^{10}」

↔ 「20、5、17、13、19、10」

↔ 「$(2^1, 3^3)$、$(2^1, 3^5)$、$(2^1, 3^1)$、$(2^0, 3^3)$、$(2^0, 3^5)$、$(2^0, 3^1)$」

今回は、次のようになっています。たとえば $(2, 3^3)$ をかけることで、互いに入れかわるのです。（「$2^2 = 2^0$」、「$3^6 = 3^0$」）

$$(2, 3^3) \times \{(2^0, 3^0), (2^0, 3^2), (2^0, 3^4), (2^1, 3^0), (2^1, 3^2), (2^1, 3^4)\}$$
$$= \{(2^1, 3^3), (2^1, 3^5), (2^1, 3^1), (2^0, 3^3), (2^0, 3^5), (2^0, 3^1)\}$$
$$(2, 3^3) \times \{(2^1, 3^3), (2^1, 3^5), (2^1, 3^1), (2^0, 3^3), (2^0, 3^5), (2^0, 3^1)\}$$
$$= \{(2^0, 3^0), (2^0, 3^2), (2^0, 3^4), (2^1, 3^0), (2^1, 3^2), (2^1, 3^4)\}$$

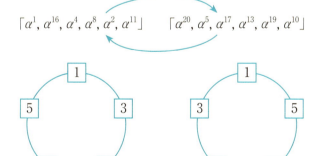

◇ 鏡に映した関係にある魔円陣 ◇

　向かい合った同士は、そもそもどんな関係にあるのでしょうか。「大きさ6の魔円陣」を例にして、これから見ていきましょう。ちなみに「点」としては「$\alpha^{31} = 1$」です。

$$「\alpha、\alpha^{25}、\alpha^{5}」 \quad \leftrightarrow \quad 「\alpha^{26}、\alpha^{30}、\alpha^{6}」$$
$$「\alpha^{3}、\alpha^{13}、\alpha^{15}」 \quad \leftrightarrow \quad 「\alpha^{16}、\alpha^{28}、\alpha^{18}」$$
$$「\alpha^{9}、\alpha^{8}、\alpha^{14}」 \quad \leftrightarrow \quad 「\alpha^{17}、\alpha^{22}、\alpha^{23}」$$
$$「\alpha^{27}、\alpha^{24}、\alpha^{11}」 \quad \leftrightarrow \quad 「\alpha^{20}、\alpha^{4}、\alpha^{7}」$$
$$「\alpha^{19}、\alpha^{10}、\alpha^{2}」 \quad \leftrightarrow \quad 「\alpha^{29}、\alpha^{12}、\alpha^{21}」$$

これらはどれも「−1乗」ですね。（$\alpha^{-1} = \alpha^{-1}\alpha^{31} = \alpha^{30}$）

$$「\alpha^{-1}、\alpha^{-25}、\alpha^{-5}」 = 「\alpha^{30}、\alpha^{6}、\alpha^{26}」$$
$$「\alpha^{-3}、\alpha^{-13}、\alpha^{-15}」 = 「\alpha^{28}、\alpha^{18}、\alpha^{16}」$$
$$「\alpha^{-9}、\alpha^{-8}、\alpha^{-14}」 = 「\alpha^{22}、\alpha^{23}、\alpha^{17}」$$
$$「\alpha^{-27}、\alpha^{-24}、\alpha^{-11}」 = 「\alpha^{4}、\alpha^{7}、\alpha^{20}」$$
$$「\alpha^{-19}、\alpha^{-10}、\alpha^{-2}」 = 「\alpha^{12}、\alpha^{21}、\alpha^{29}」$$

　魔円陣の作り方では、「どの2点を通る直線を用いるか」（「1とα」、「1とβ」等）という直線の段階で、そもそも「指数」を用いました。その指数ですが、マイナスをつけると、大小が入れかわる「どんでん返し」が起きることに注目です。

第 5 章 ◆ (続) 魔円陣

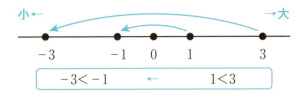

そこで「a、a^{25}、a^5」の中の「a」を取り上げ、(1 と a を通る)「a の基準の直線」(の各点) を「−1 乗」してみることにしましょう。$\{a^0, a^1, a^3, a^8, a^{12}, a^{18}\}$ は $\{a^0, a^{-1}, a^{-3}, a^{-8}, a^{-12}, a^{-18}\}$ となり、並べかえると「どんでん返し」が起きて $\{a^{-18}, a^{-12}, a^{-8}, a^{-3}, a^{-1}, a^0\}$ となります。ただし、これは「直線」ではありません。$\{a^{-18}, a^{-12}, a^{-8}, a^{-3}, a^{-1}, a^0\} = \{\boxed{a^{13}}, a^{19}, a^{23}, a^{28}, a^{30}, \boxed{a^0}\}$ ですが、2 点「a^0」「a^{13}」を通る直線は 1 本だけで、それは「a の基準の直線」に a^{13} をかけた $a^{13}\{a^0, a^1, a^3, a^8, a^{12}, a^{18}\} = \{\boxed{a^{13}}, a^{14}, a^{16}, a^{21}, a^{25}, \boxed{a^0}\}$ なのです。($a^{31} = 1(= a^0)$)

もっとも、この「−1 乗」した「直線」でさえない $\{a^{-18}, a^{-12}, a^{-8}, a^{-3}, a^{-1}, a^0\}$ から、「a、a^{25}、a^5」の魔円陣を鏡に映したものが出てくるのは当然です。マイナスをつけたことで「どんでん返し」が起き、数の並びが逆になるからです。

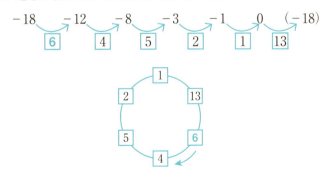

211

問題は、なぜそれが「α^{-1}、α^{-25}、α^{-5}」=「α^{30}、α^{6}、α^{26}」の魔円陣と一致するのか、ということです。「α^{-1}、α^{-25}、α^{-5}」の魔円陣は、あくまでも（1とα^{-1}を通る）「α^{-1}の基準の直線」から作られるものです。それなのに、$\{\alpha^{-18}, \alpha^{-12}, \alpha^{-8}, \alpha^{-3}, \alpha^{-1}, \alpha^{0}\}$は「直線」でさえないのです。

そこで引き続き（大きさ6の魔円陣で）、「−1乗」に限らず「一般の累乗（べき乗）」を見ていくことにしましょう。

◇「基準の直線」の累乗 ◇

一般の累乗（べき乗）ということで、「αの基準の直線」$\{\alpha^{0}, \alpha^{1}, \alpha^{3}, \alpha^{8}, \alpha^{12}, \alpha^{18}\}$をどんどん「3乗」していきます。（p202参照）ちなみに、このとき出てくるのは「直線」ではありません。

まずは結果を確認していきましょう。理由は後に回します。

《3乗》

$\{\alpha^{0}, \alpha^{1}, \alpha^{3}, \alpha^{8}, \alpha^{12}, \alpha^{18}\}$を「3乗」すると、$(\alpha^{0})^{3} = (\alpha^{3})^{0}$等から、$\{(\alpha^{3})^{0}, (\alpha^{3})^{1}, (\alpha^{3})^{3}, (\alpha^{3})^{8}, (\alpha^{3})^{12}, (\alpha^{3})^{18}\} = \{\alpha^{0}, \alpha^{3}, \alpha^{9}, \alpha^{24}, \alpha^{5}, \alpha^{23}\} = \{\alpha^{0}, \alpha^{3}, \alpha^{5}, \alpha^{9}, \alpha^{23}, \alpha^{24}\}$となります。

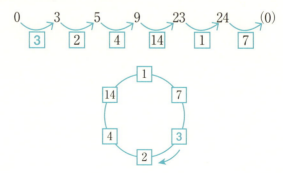

第 5 章 ◆（続）魔円陣

「α、α^{25}、α^{5}」を「3乗」した「α^{3}、α^{13}、α^{15}」の魔円陣ではなく、あと「3乗」で「α、α^{25}、α^{5}」となる「α^{29}、α^{12}、α^{21}」の魔円陣が出てきましたね。（p204、p207参照）

《3×3乗》

$\{\alpha^{0}, \alpha^{1}, \alpha^{3}, \alpha^{8}, \alpha^{12}, \alpha^{18}\}$ を $3\times 3 = $「9乗」すると、$\{(\alpha^{9})^{0}, (\alpha^{9})^{1}, (\alpha^{9})^{3}, (\alpha^{9})^{8}, (\alpha^{9})^{12}, (\alpha^{9})^{18}\} = \{\alpha^{0}, \alpha^{9}, \alpha^{27}, \alpha^{10}, \alpha^{15}, \alpha^{7}\} = \{\alpha^{0}, \alpha^{7}, \alpha^{9}, \alpha^{10}, \alpha^{15}, \alpha^{27}\}$ となります。

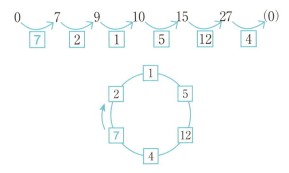

「α、α^{25}、α^{5}」を「9乗」した「α^{9}、α^{8}、α^{14}」の魔円陣ではなく、あと「9乗」で「α、α^{25}、α^{5}」となる「α^{20}、α^{4}、α^{7}」の魔円陣が出てきましたね。（p204、p206参照）

《3×3×3乗》

$\{\alpha^{0}, \alpha^{1}, \alpha^{3}, \alpha^{8}, \alpha^{12}, \alpha^{18}\}$ を $3\times 3\times 3 = $「27乗」すると、$\{(\alpha^{27})^{0}, (\alpha^{27})^{1}, (\alpha^{27})^{3}, (\alpha^{27})^{8}, (\alpha^{27})^{12}, (\alpha^{27})^{18}\} = \{\alpha^{0}, \alpha^{27}, \alpha^{19}, \alpha^{30}, \alpha^{14}, \alpha^{21}\} = \{\alpha^{0}, \alpha^{14}, \alpha^{19}, \alpha^{21}, \alpha^{27}, \alpha^{30}\}$ となります。

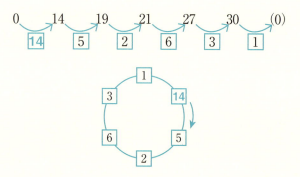

「α、α^{25}、α^5」を「27乗」した「α^{27}、α^{24}、α^{11}」の魔円陣ではなく、あと「27乗」で「α、α^{25}、α^5」となる「α^{17}、α^{22}、α^{23}」の魔円陣が出てきましたね。(p204、p206参照)

《3×3×3×3乗》

$\{\alpha^0, \alpha^1, \alpha^3, \alpha^8, \alpha^{12}, \alpha^{18}\}$ を $3\times3\times3\times3=81=$「19乗」すると、
$\{(\alpha^{19})^0, (\alpha^{19})^1, (\alpha^{19})^3, (\alpha^{19})^8, (\alpha^{19})^{12}, (\alpha^{19})^{18}\} = \{\alpha^0, \alpha^{19}, \alpha^{26}, \alpha^{28}, \alpha^{11}, \alpha^1\}$
$= \{\alpha^0, \alpha^1, \alpha^{11}, \alpha^{19}, \alpha^{26}, \alpha^{28}\}$ となります。

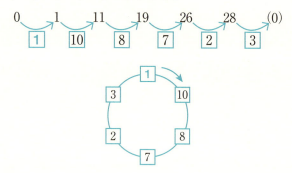

「α、α^{25}、α^5」を「19乗」した「α^{19}、α^{10}、α^2」の魔円陣ではなく、あと「19乗」で「α、α^{25}、α^5」となる「α^{16}、α^{28}、α^{18}」の魔

第5章 ◆（続）魔円陣

円陣が出てきましたね。（p204、p205 参照）

とりあえず、ここで終了します。この先は、（根拠は後回しにして）それぞれ鏡に映した魔円陣が出てくる予定なのです。

◇「基準の直線」の求め方 ◇

「α の基準の直線」$\{\alpha^0, \alpha^1, \alpha^3, \alpha^8, \alpha^{12}, \alpha^{18}\}$ をどんどん「3乗」していくと、他の魔円陣が出てきましたね。これは偶然ではなさそうです。

このあたりの事情を追求していくことにしましょう。

次の表は、「基準の直線」を「3乗」していき、このときの「指数」だけを並べたものです。「点」としては「$\alpha^{31}=1$」なので、「31 で割った余り」としています。つまり $\mathbb{Z}/31\mathbb{Z}$ で見ています。

	$\{\alpha^0$	α^1	α^3	α^8	α^{12}	$\alpha^{18}\}$	（p202 参照）
3^0 乗	0	1	3	8	12	18	「 1、25、 5」
3^1 乗	0	3	9	24	5	23	「29、12、21」
3^2 乗	0	9	27	10	15	7	「20、 4、 7」
3^3 乗	0	27	19	30	14	21	「17、22、23」
3^4 乗	0	19	26	28	11	1	「16、28、18」
3^5 乗	0	26	16	22	2	3	「26、30、 6」
3^6 乗	0	16	17	4	6	9	「19、10、 2」
3^7 乗	0	17	20	12	18	27	「27、24、11」
3^8 乗	0	20	29	5	23	19	「 9、 8、14」
3^9 乗	0	29	25	15	7	26	「 3、13、15」
3^{10} 乗	0	25	13	14	21	16	「25、 5、 1」

215

前ページ最終行「0, 25, 13, 14, 21, 16」は、$Z／31Z$（31 で割った余り）では「$25×0, 25×1, 25×3, 25×8, 25×12, 25×18$」です。$β＝α^{25}$ の「基準の直線」$\{(α^{25})^0, (α^{25})^1, (α^{25})^3, (α^{25})^8, (α^{25})^{12}, (α^{25})^{18}\}$ となり 1 行目に戻ります。

それでは「基準の直線」の「1 行目」を 3^2 乗した「3 行目」を取り上げて、さらに詳しく見ていくことにしましょう。

「1 行目」	0	1	3	8	12	18
「3 行目」	0	9	27	10	15	7

一般の累乗（べき乗）でも、大きさの順に並べかえました。これから「3 行目」を並べかえますが、このとき同時に対応する「1 行目」も並べかえることにします。これは単に、（直線である「1 行目」では）直線を構成する点を並べかえているだけです。

「1 行目」	0	18	1	8	12	3
「3 行目」	0	7	9	10	15	27

ここで「1 行目」の「$α^0, α^{18}, α^1, α^8, α^{12}, α^3$」を、「3 行目」に合わせて、「$(α^x)^0, (α^x)^7, (α^x)^9, (α^x)^{10}, (α^x)^{15}, (α^x)^{27}$」と表すことにします。そのような x は必ず存在します。「1 行目」を 3^2 乗したのが「3 行目」なので、逆に「3 行目」を 3^{-2} 乗すれば「1 行目」となるだけです。$x＝3^{-2}＝3^{-2}\cdot3^{30}＝3^{28}＝7$（p202 参照）で、$Z／31Z$（31 で割った余り）では次のようになっています。ちなみにこの $x＝7$ の $α^7$ は、あと 3^2 乗（「9 乗」）で「$α、α^{25}、α^5$」となる「$α^{20}、α^4、α^7$」の中に入っていることに注目です。（p213 参照）

「1 行目」	$7×0$	$7×7$	$7×9$	$7×10$	$7×15$	$7×27$
「3 行目」	0	7	9	10	15	27

第5章 ◆（続）魔円陣

「1行目」の「α^0, α^{18}, α^1, α^8, α^{12}, α^3」は「$(\alpha^7)^0$, $(\alpha^7)^7$, $(\alpha^7)^9$, $(\alpha^7)^{10}$, $(\alpha^7)^{15}$, $(\alpha^7)^{27}$」ですが、これは元々「α の基準の直線」なので、まぎれもなく「直線」です。α を $\beta = \alpha^7$ に取りかえた「β の基準の直線」ではありませんが、直線であるからには、「β の基準の直線」に β^n をかけたものとなっています。（n は後で判明します。）ちなみに β^n をかけた直線から求めても、出てくる魔円陣は $\beta = \alpha^7$ と同じです。（p153 参照）

$\beta = \alpha^7$ に取りかえた（1 と β を通る）「β の基準の直線」は、「α の基準の直線」から、次のようにして求まります。

$$\{(\alpha^7)^0, (\alpha^7)^7, (\alpha^7)^9, (\alpha^7)^{10}, (\alpha^7)^{15}, (\alpha^7)^{27}\}$$
$$= \{\beta^0, \beta^7, \beta^9, \beta^{10}, \beta^{15}, \beta^{27}\}$$
$$= \{\beta^9, \beta^{10}, \beta^{15}, \beta^{27}, \beta^0, \beta^7\}$$
$$= \beta^9\{\beta^0, \beta^1, \beta^6, \beta^{18}, \beta^{22}, \beta^{29}\}$$

「β の基準の直線」は $\{\beta^0, \beta^1, \beta^6, \beta^{18}, \beta^{22}, \beta^{29}\}$ です。（p180 参照）これに β^9 をかけたものが、（点は並べかわっていますが）「1行目」の「α の基準の直線」なのです。

結論として、直線でない「3行目」からも、しっかり魔円陣が求まるということです。それは「α^{20}、α^4、α^7」の中にある $\beta = \alpha^7$（$7 = 3^{-2}$）に取りかえた魔円陣です。（p213 参照）

「α の基準の直線」「0, 1, 3, 8, 12, 18」（1行目）を「3^2 乗」した「0, 9, 27, 10, 15, 7」（3行目）を並べかえて、「0, 7, 9, 10, 15, 27」とすることで、$\beta = \alpha^7$（「3^{-2} 乗 ＝ 7 乗」）に取りかえた「β の基準の直線」、さらには魔円陣が求まるのです。

217

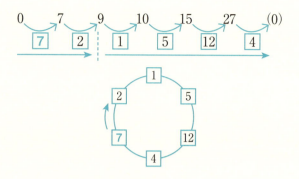

◇（続）鏡に映した関係にある魔円陣 ◇

「α の基準の直線」を「-1 乗」すると（「直線」ではないものの）鏡に映した魔円陣が出てきます。（p211 参照）問題は、なぜそれが「α^{-1} の基準の直線」から出る魔円陣と一致するのか、ということでしたね。

そこで「-1 乗」に限らず、「一般の累乗（べき乗）」で追求してきました。ここでは確認をかねて、「-1 乗」に戻りましょう。

「α の基準の直線」　$\{\alpha^0, \alpha^1, \alpha^3, \alpha^8, \alpha^{12}, \alpha^{18}\}$

「-1 乗したもの」　$\{\alpha^0, \alpha^{-1}, \alpha^{-3}, \alpha^{-8}, \alpha^{-12}, \alpha^{-18}\}$

それぞれ「指数」を見てみます。

　　　「直線」　　0　1　3　8　12　18

　　　「-1 乗」　0　-1　-3　-8　-12　-18

ここで「-1 乗」と同時に、対応する「直線」も並べかえます。もっとも、単に順序を逆にするだけです。

　　　「直線」　　18　12　8　3　1　0

　　　「-1 乗」　-18　-12　-8　-3　-1　0

第 5 章 ◆（続）魔円陣

　ここで「直線」の「α^{18}, α^{12}, α^8, α^3, α^1, α^0」を「**−1 乗**」に合わせて「$(\alpha^x)^{-18}$, $(\alpha^x)^{-12}$, $(\alpha^x)^{-8}$, $(\alpha^x)^{-3}$, $(\alpha^x)^{-1}$, $(\alpha^x)^0$」と表します。

　$x = -1$ です。$(-1) \times (-1) = 1$ なのです。もちろん「α、α^{25}、α^5」に向かい合った「α^{26}、α^{30}、α^6」=「α^{-5}、α^{-1}、α^{-25}」の中に、$\beta = \alpha^{-1} = \alpha^{30}$ が入っています。（p204 参照）

　問題は、α を $\beta = \alpha^{-1}$ に取りかえたときの「β の基準の直線」ですね。魔円陣は、この「β の基準の直線」から出てくるのです。

　そこで、れっきとした直線の「α の基準の直線」を見てみます。これは「β の基準の直線」に β^n（n は後述）をかけたものです。

$$\{(\alpha^{-1})^{-18}, (\alpha^{-1})^{-12}, (\alpha^{-1})^{-8}, (\alpha^{-1})^{-3}, (\alpha^{-1})^{-1}, (\alpha^{-1})^0\}$$
$$= \{\beta^{-18}, \beta^{-12}, \beta^{-8}, \beta^{-3}, \beta^{-1}, \beta^{-0}\}$$
$$= \{\beta^{-1}, \beta^{-0}, \beta^{-18}, \beta^{-12}, \beta^{-8}, \beta^{-3}\}$$
$$= \beta^{-1}\{\beta^0, \beta^1, \beta^{-17}, \beta^{-11}, \beta^{-7}, \beta^{-2}\}$$

「β の基準の直線」は $\{\beta^0, \beta^1, \beta^{-17}, \beta^{-11}, \beta^{-7}, \beta^{-2}\} = \{\beta^0, \beta^1, \beta^{14}, \beta^{20}, \beta^{24}, \beta^{29}\}$ です。（p182 参照）（$\beta^{31} = 1$）これに $\beta^{-1} = \beta^{30}$ をかけても、出てくる魔円陣は同じです。（p153 参照）

　結局のところ、「α の基準の直線」を「**−1 乗**」して出る「鏡に映した魔円陣」は、α を $\beta = \alpha^{-1}$ に取りかえて出る魔円陣だということです。

「α から出る魔円陣」と「α^{-1} から出る魔円陣」は、鏡に映した関係になっているのです。これは何も α に限ったことではなく、「β から出る魔円陣」と「β^{-1} から出る魔円陣」としても同じことです。

14 大きさ (p^m+1) の魔円陣

◇ 大きさ (p^m+1) の魔円陣 ◇

これまで見てきたことを、まとめておきましょう。

p を素数としたとき、大きさ (p^m+1) の魔円陣は存在します。$q=p^m$ としたとき有限体 F_q（や F_{q^3}）が存在するので、これまで見てきた方法で魔円陣が作られるからです。

有限体 F には、じつはいつでも原始根が存在します。F から 0 を除いた F^* に生成元が存在するのです。（p240 参照）

元の個数が $q^3=p^{3m}$ の有限体 F_{q^3} でいうと、これまで「α」としてきたものが原始根（生成元）です。1 にどんどん α をかけていくと (q^3-1) 乗で初めて 1 となり、$F_{q^3}^*$ のすべての元が α^k と表されましたね。

この先も「α」を有限体 F_{q^3} の原始根としますが、さらに「ω」を有限体 F_q の原始根とします。$F_q=\{0, \omega^0(=1), \omega^1, \omega^2, \cdots\cdots, \omega^{q-2}\}$ とするのです。

$q=p^m$ のとき、F_q 上の射影平面の「点」は、以下のことから $\boxed{p^{2m}+p^m+1}$（個）あります。

点 (a, b, c) の a、b、c は体 F_q の元なので $q \times q \times q = q^3$ 個ですが、これから $(0, 0, 0)$ を除き、$\omega^0(=1)$ 倍・ω^1 倍・ω^2 倍・$\cdots\cdots$・ω^{q-2} 倍した $(q-1)$ 個の点を同一視すると、$\dfrac{q^3-1}{q-1}=q^2+q+1=p^{2m}+p^m+1$（個）となります。

第5章 ◆（続）魔円陣

　ちなみに**大きさ n の魔円陣**から作られる数は、1 から $\Box = n^2 - n + 1$ でしたね。大きさ $n = p^m + 1$ のときは、$\Box = (p^m + 1)^2 - (p^m + 1) + 1 = \boxed{p^{2m} + p^m + 1}$ となり、F_q 上の射影平面の「点」の個数と一致しています。

　さて、F_q 上の射影平面の**「直線」**は何本あるのでしょうか。

　まずは、各直線上の点の個数を見てみましょう。

　β と γ を通る直線上の点は、「$a\beta + b\gamma$」です。ただし a、b は $F_q = \{0, \omega^0 (= 1), \omega^1, \omega^2, \cdots\cdots, \omega^{q-2}\}$ の元で、$(a, b) \neq (0, 0)$ です。

　点「$\omega^i \beta$」は点 β と、点「$\omega^j \gamma$」は点 γ と一致します。これ以外の点「$a\beta + b\gamma$」=「$\omega^i \beta + \omega^j \gamma$」は、$\{\beta + \gamma, \omega\beta + \gamma, \omega^2\beta + \gamma, \cdots\cdots, \omega^{q-2}\beta + \gamma\}$ のいずれかと一致します。点「$\omega^i \beta + \omega^j \gamma$」= $\omega^{-j}(\omega^{i-j}\beta + \gamma)$ は点 $(\omega^{i-j}\beta + \gamma)$ と一致するのです。ちなみに（「ω」が有限体 F_q の原始根であるからには）$\{\beta + \gamma, \omega\beta + \gamma, \omega^2\beta + \gamma, \cdots\cdots, \omega^{q-2}\beta + \gamma\}$ の中に同じ点はありません。

　つまり、どの直線上にも「β、γ、$\omega^i \beta + \gamma$ $(0 \leq i \leq q-2)$」の $1 + 1 + (q-1) = (q+1)$ 個の点があります。

　それでは、いよいよ直線の本数です。全部で何本あるのでしょうか。

　まず、$(p^{2m} + p^m + 1)$ 個ある点の中から 2 個を選ぶ方法は、$\dfrac{(p^{2m} + p^m + 1)(p^{2m} + p^m)}{2 \cdot 1}$ 通りあります。でも、同じ直線上の $(q+1)$ = $(p^m + 1)$ 個の点の中から 2 個選ぶ $\dfrac{(p^m + 1)p^m}{2 \cdot 1} = \dfrac{p^{2m} + p^m}{2 \cdot 1}$ ずつは同一の直線なので、直線の総数は $\boxed{p^{2m} + p^m + 1}$（本）となります。

221

結局のところ、「点」と「直線」は同じだけありますね。

F_q 上の射影平面の $(p^{2m}+p^m+1)$ 個の「点」に、有限体 F_{q^3} から 0 を除いた $F_{q^3}^{*}$ の元を対応させます。ただし、こちらも $\omega^0(=1)$ 倍・ω^1 倍・ω^2 倍・……・ω^{q-2} 倍した $(q-1)$ 個の元は同一視します。すると対応する元は、じつは「α^0, α^1, α^2, ……, $\alpha^{p^{2m}+p^m}$」となります。「$\alpha^{p^{2m}+p^m+1}=\omega'$」とおくと、$\alpha$ が F_{q^3} の原始根であることから、ω' は $F_q(q=p^m)$ の原始根となっているのです。$q=p^m$ より $(\omega')^{q-1}=(\omega')^{p^m-1}=\alpha^{(p^{2m}+p^m+1)(p^m-1)}=\alpha^{q^3-1}=1$ です。F_q 上の射影平面の「点」は、以下の通り「α^0, α^1, α^2, ……, $\alpha^{p^{2m}+p^m}$」と同一視されます。ここで、「ω', ω'^2, …, $\omega'^{(p^m-2)}$」=「ω, ω^2, …, ω^{q-2}」(順不同)です。

$$\lceil \alpha^{p^{2m}+p^m+1},\ \cdots,\ \alpha^{2(p^{2m}+p^m+1)-1}\rfloor = \lceil \omega'\alpha^0,\ \cdots,\ \omega'\alpha^{p^{2m}+p^m}\rfloor$$

$$\lceil \alpha^{2(p^{2m}+p^m+1)},\ \cdots,\ \alpha^{3(p^{2m}+p^m+1)-1}\rfloor = \lceil \omega'^2\alpha^0,\ \cdots,\ \omega'^2\alpha^{p^{2m}+p^m}\rfloor$$

$$\cdots\cdots\cdots\cdots\cdots\cdots\cdots\cdots\cdots\cdots\cdots\cdots\cdots$$

$$\cdots\cdots\cdots\cdots\cdots\cdots\cdots\cdots\cdots\cdots\cdots\cdots\cdots$$

$$\lceil \alpha^{(p^m-2)(p^{2m}+p^m+1)},\ \cdots,\ \alpha^{(p^m-1)(p^{2m}+p^m+1)-1}\rfloor$$
$$= \lceil \omega'^{(p^m-2)}\alpha^0,\ \cdots,\ \omega'^{(p^m-2)}\alpha^{p^{2m}+p^m}\rfloor$$

さて、点「1」と点「α」を通る直線 $\{1, \alpha, 1+\alpha, \omega+\alpha, \omega^2+\alpha,$ ……, $\omega^{q-2}+\alpha\}$ を「基準の直線」とします。この「基準の直線」(の各点)に α をかけていくと、じつは $(p^{2m}+p^m+1)$ 本のすべての直線が出てきます。「基準の直線」の各点を、「1」は α^0、「α」は α^1、残りの「$\omega^i+\alpha$」($0 \leq i \leq q-2$)も α^j と表して、指数の小さい順に並べかえ、これから魔円陣を1つ作ります。

第 5 章 ◆（続）魔円陣

　他の魔円陣を作るには、原始根 α を別の原始根 $\beta = \alpha^m$ と取り

かえます。ただし $\beta = \alpha^m$ がまた原始根となるのは、m が $(p^{2m} + p^m$

$+ 1)$ と「互いに素」なときです。これは $\phi(p^{2m} + p^m + 1)$ 通りあり

ます。（p193 参照）

　もっとも、取りかえても同一の魔円陣となる場合があります。

「β^1、β^p、β^{p^2}、……、$\beta^{p^{3m-1}}$」の $3m$ 個からは、同じ魔円陣が出て

くるのです。さらに鏡に映したものも同じとみなすと、$6m$ 個ず

つが同一の魔円陣となってきます。

　$\phi(p^{2m} + p^m + 1)$ 個の中の $6m$ 個ずつが同じとなることから、こ

れまでの方法で出てくる魔円陣は、もし全部異なっていたら

$\dfrac{\phi(p^{2m} + p^m + 1)}{6m}$ 個となります。ちなみに、全部異なっているであ

ろうと予想されています。（参考文献［5］参照）

　これまで見てきた魔円陣の個数は、次の通りでした。（この程

度の大きさの魔円陣は、すべての場合を調べ上げて、ちょうど次

の個数だと分かっています。）

　大きさ 3 の魔円陣 ［$3 = 2^1 + 1$（$p = 2$、$m = 1$）］

$$\frac{\phi(p^{2m} + p^m + 1)}{6m} = \frac{\phi(7)}{6} = \frac{6}{6} = 1 \ （個）$$

　大きさ 4 の魔円陣 ［$4 = 3^1 + 1$（$p = 3$、$m = 1$）］

$$\frac{\phi(p^{2m} + p^m + 1)}{6m} = \frac{\phi(13)}{6} = \frac{12}{6} = 2 \ （個）$$

大きさ5の魔円陣 $[5 = 2^2 + 1 \ (p = 2 、 m = 2)]$

$$\frac{\phi(p^{2m} + p^m + 1)}{6m} = \frac{\phi(21)}{6 \cdot 2} = \frac{12}{12} = 1 \ (個)$$

$\left(\begin{array}{l} (Z / 21Z)^* = (Z / 3Z)^* \times (Z / 7Z)^* であることから、元の個数 \\ に関しても \ \phi(21) = \phi(3) \times \phi(7) = 2 \times 6 = 12 \ となっています。 \end{array} \right)$

大きさ6の魔円陣 $[6 = 5^1 + 1 \ (p = 5 、 m = 1)]$

$$\frac{\phi(p^{2m} + p^m + 1)}{6m} = \frac{\phi(31)}{6} = \frac{30}{6} = 5 \ (個)$$

さて、これまで「有限体上の射影平面」を利用して、魔円陣を作ってきましたね。

$q = p^m$（p は素数）のとき、有限体 F_q（や F_{q^3}）は存在します。このため、大きさ（$p^m + 1$）の魔円陣も存在します。

$q \neq p^m$（p は素数）のとき、有限体 F_q（や F_{q^3}）は存在しません。だからといって、大きさ（$q + 1$）の魔円陣も存在しない、とは断言できません。有限体を用いない、他の方法で作られる可能性は残されているからです。

いつの日か、何らかの新しい魔円陣の作り方が発見されるのでしょうか。もしかしたら、それを発見するのはあなたかもしれませんね。

[**追記**] もちろんコンピュータの性能が向上して、しらみつぶしで見つかる可能性も残されています。あくまでも「存在したら」の話ですが……。

第 5 章 ◆ (続) 魔円陣

(続) 大きさ 18 の魔円陣

大きさ 18 の魔円陣を見つけてみましょう。(コラムⅥ参照)

大きさ 18 の魔円陣 [$18=17+1$ ($p=17$、$m=1$)] は、じつは (すべての場合を調べ上げても)「有限体上の射影平面」を利用したものだけで、しかも全部異なっていることが分かっています。

$$\frac{\phi(p^{2m}+p^m+1)}{6m}=\frac{\phi(307)}{6}=\frac{306}{6}=51 \text{ (個)}$$

その 1 つが p196 の魔円陣で、「$x^3+3x^2+1=0$」の解を α としたときの (1 と α を通る)「基準の直線」から出てきたものです。(参考文献 [5] 参照)

この「基準の直線」$\{\alpha^0, \alpha^1, \alpha^3, \alpha^{27}, \alpha^{42}, \cdots\cdots, \alpha^{301}\}$ の「指数」を全部書き並べると、次の通りです。

{0, 1, 3, 27, 42, 46, 62, 74, 99, 137, 187, 201, 218, 223, 231, 241, 252, 301}

残りの 50 個の魔円陣は、大きさ 6 の魔円陣で見てきたように、この指数を何倍かしていくだけで簡単に見つけることが出来ます。

効率よく見つけるために、まず (Z／307Z)* の生成元を見つけておきます。ちなみに 17^2+17+1 =「307」は素数なので、Z／307Z は体で、0 を除いた (Z／307Z)* には生成元が存在します。(p240 参照)

生成元の見つけ方は p240 にもありますが、「2」「3」「4」「5」……と順にためしていった方が案外早く見つかります。(Z／307Z)* の生成元としては「5」があります。

225

「α^1, α^{289}, α^{17}」（0回目）（17×17＝289）の指数を「**5倍**」していくと、「α^5, α^{217}, α^{85}」（1回目）「α^{25}, α^{164}, α^{118}」（2回目）……「α^{242}, α^{249}, α^{123}」（101回目）となり、102回目で元の「α^{289}, α^{17}, α^1」＝「α^1, α^{289}, α^{17}」（0回目）に戻ります。（307－1）÷3＝102です。

向かい合った同士は互いに鏡に映した関係にあることから、実質的には0回目から50回目までを見ていくことになります。

《1個目》（p196参照）

1個目は「α^1, α^{289}, α^{17}」（0回目）から出る魔円陣です。

《2個目》

2個目は「α^1, α^{289}, α^{17}」（0回目）の指数を「**5倍**」した「α^5, α^{217}, α^{85}」（1回目）ではなく、あと「**5倍**」で「α^{289}, α^{17}, α^1」（0回目）となる「α^{242}, α^{249}, α^{123}」（102－1＝101回目）から出る魔円陣です。それでは順を追って作っていきましょう。Z／307Z（307で割った余り）で見ていきます。

{0, 1, 3, 27, 42, 46, 62, 74, 99, 137, 187, 201, 218, 223, 231, 241, 252, 301}

　↓5倍する

{0, 5, 15, 135, 210, 230, 3, 63, 188, 71, 14, 84, 169, 194, 234, 284, 32, 277}

↓小さい順に並べかえる

{0, 3, 5, 14, 15, 32, 63, 71, 84, 135, 169, 188, 194, 210, 230, 234, 277, 284}

↓差を求める(最後は0との差)

3, 2, 9, 1, 17, 31, 8, 13, 51, 34, 19, 6, 16, 20, 4, 43, 7, 23

↓「1」からスタートする(統一する)

1, 17, 31, 8, 13, 51, 34, 19, 6, 16, 20, 4, 43, 7, 23, 3, 2, 9

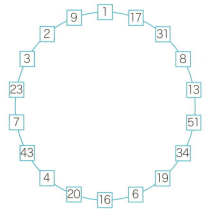

大きさ18の魔円陣(2個目)

《3個目》

3個目は、2個目の小さい順に並べかえたところから始めます。

{0, 3, 5, 14, 15, 32, 63, 71, 84, 135, 169, 188, 194, 210, 230, 234, 277, 284}

↓5倍する

{0, 15, 25, 70, 75, 160, 8, 48, 113, 61, 231, 19, 49, 129, 229, 249, 157, 192}

↓小さい順に並べかえる

{0, 8, 15, 19, 25, 48, 49, 61, 70, 75, 113, 129, 157, 160, 192, 229, 231, 249}

↓差を求める（最後は0との差）

8, 7, 4, 6, 23, 1, 12, 9, 5, 38, 16, 28, 3, 32, 37, 2, 18, 58

↓「1」からスタートする（統一する）

1, 12, 9, 5, 38, 16, 28, 3, 32, 37, 2, 18, 58, 8, 7, 4, 6, 23

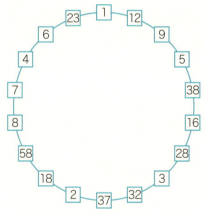

大きさ18の魔円陣（3個目）

この調子で、51個の魔円陣が作られていきます。（たし算の自習教材が、何と51種類ですよ。ただし、不評の可能性が大です！）

付録 ◆ 有限体

付録 有限体

◇ ガロアと有限体 ◇

有限体の発見者は、エヴァリスト・ガロア（Évariste Galois）
[1811 年— 1832 年] です。その名を冠した「ガロア理論」で有名
ですね。ガロアが『Bulletin des Sciences Mathématiques』に論
文「Sur la théorie des nombres」を発表したのは、1830 年のこと
でした。

それでは有限体について、ざっと見ていきましょう。詳しく
は、後から順を追って確認していきます。

まず p は素数とし、さらに $F_p = Z/pZ = \{0, 1, 2, \cdots\cdots, p-1\}$
（p で割った余り）とします。じつは p 個の元からなる有限体 F_p
は、本質的に Z/pZ と同じです。Z/pZ は加減乗除が出来る
「体」であることは、後ほど確認します。

$F_p[x]$ を有限体 F_p 係数の多項式の集合とします。

Z の中の素数 p を用いて Z/pZ（p で割った余り）を考えたの
と同様に、$F_p[x]$ の中の n 次の既約多項式 $P(x)$ を用いて $F_p[x]/$
$P(x)F_p[x]$（$P(x)$ で割った余り）を考えます。ここでは、$F_p[x]/$
$P(x)F_p[x]$ を $F_p[x]/P(x)$ と記します。

ガロアは、有限体を作り出しただけではありません。じつは
様々なことを解明していたのです。$F_p[x]/P(x)$ は元の個数 p^n の
有限体であること、その元がすべて「$X^{p^n} - X = 0$」の解であるこ
と、$F_p[x]/P(x)$ から 0 を除いた $(F_p[x]/P(x))^*$ には生成元が存

在すること、$P(x)=0$ の解の1つを β とすると、$P(x)=0$ の解は β、β^p、β^{p^2}、……、$\beta^{p^{n-1}}$ の n 個であること、等々。

じつは、そんなガロアも知らなかったことがあります。

それは、やがてコンピュータ時代が訪れ、自らの発見した有限体が「符号理論」や「楕円曲線暗号」に応用されるということです。ちなみに数学で「符号」といったら「＋、−」のことですが、コンピュータ関連で「符号」といったら「0、1」のことです。「符号理論」というのは、「10110110」のはずだったものが「10110111」となってしまったとき、誤りが生じたことを判定し、これを元の「10110110」に戻すための理論です。

コンピュータ時代には、データを間違いなく処理するために「符号理論」が、安全に送受信するために「暗号」（RSA暗号や楕円曲線暗号）が欠かせません。ちなみに「RSA暗号」は、後ほど見てみる「フェルマーの小定理」を利用したものです。

◇「整数」と「多項式」◇

$F_2 = Z／2Z$ から有限体 F_8 を作るとき、いきなり次のように切り出しましたね。（p119参照）

「$x^3 + x + 1 = 0$」の解を「α」とします。（「$x^2 + 1 = 0$」の解を「i」としたのと同様です。）

このとき、（「i」のときもそうだったかもしれませんが）どこに存在するかも分からない「α」に、薄気味悪さを感じませんでしたか。

付録 • 有限体

もちろん、こうすることに何ら問題はありません。$Z = \{ \cdots\cdots ,$ $-3, \ -2, \ -1, 0, 1, 2, 3 \ \cdots\cdots \}$ から $Z / 5Z = \{0, 1, 2, 3, 4\}$（5で割った余り）を作ったのと、同じように考えればよいだけです。

「整数」では、割り算をすれば余りが出てきましたね。

$$(-6) \div 5 = -2 \text{ 余り } 4 \quad \leftrightarrow \quad -6 = (-2) \times 5 + 4$$

「多項式」でも、割り算をすると余りが出てきます。

$$(x^4 + x^3 + 1) \div (x^3 + x + 1) = (x + 1) \text{ 余り } (-x^2 - 2x)$$

$$\leftrightarrow \quad x^4 + x^3 + 1 = (x + 1)(x^3 + x + 1) + (-x^2 - 2x)$$

このため「多項式」でも、「整数」と同じような議論となってくるのです。今の場合は、係数が $F_2 = Z / 2Z = \{0, 1\}$ の多項式の集合を $F_2[x]$ としたとき、$F_2[x] / (x^3 + x + 1)$（$(x^3 + x + 1)$ で割った余り）を考えるのです。

たとえば $x^4 + x^3 + 1$ は

$$x^4 + x^3 + 1 = (x + 1)(x^3 + x + 1) + (-x^2 - 2x)$$

から、（$(x + 1)(x^3 + x + 1)$ の部分を 0 とした）余りの $(-x^2 - 2x)$ となります。つまり $x^4 + x^3 + 1 = -x^2 - 2x = x^2$ です。（$F_2 = Z / 2Z$ では「$-1 = 1$」、「$-2 = 0$」）

このため「$x^3 + x + 1 = 0$」の解を「α」として、$\alpha^3 + \alpha + 1 = 0$ とする他は、これまで通り $Z / 2Z$ で行うのと同じことになるのです。$\alpha^4 + \alpha^3 + 1 = -\alpha^2 - 2\alpha = \alpha^2$ です。

$x^2 + 1 = 0$ の解「i」でいうならば、係数が実数の多項式の集合を $R[x]$ としたとき、$(x^2 + 1)$ で割った余りの $R[x] / (x^2 + 1)$ を考えるということです。こちらは、$i^2 + 1 = 0$ つまり $i^2 = -1$ とする他は、これまで通りとしましたね。

231

◇「素数」と「既約多項式」◇

$Z/6Z = \{0, 1, 2, 3, 4, 5\}$（6 で割った余り）では、「÷0」はもちろんのこと、「÷2」や「÷3」も出来ません。割り算はかけ算の逆ですが、「$\times \frac{1}{2}$」や「$\times \frac{1}{3}$」の $\frac{1}{2}$ や $\frac{1}{3}$、つまり□×2＝1 や□×3＝1 となる□（逆元）が存在しないのです。

このことは両辺を 3 倍、2 倍してみれば、すぐに分かります。$Z/6Z$ では「6＝0」ですが、もしそんな数□が存在したら、□×2＝1 から□×2×3＝1×3、0＝3 となってしまうのです。□×3＝1 だと、□×3×2＝1×2、0＝2 となるのです。

このことは $Z/6Z$ に限ったことではなく、Z/mZ の m が 4(＝2×2)、6(＝2×3)、8(＝2×2×2)、9(＝3×3)、……といった合成数のときも同様です。m が合成数のとき、Z/mZ は加減乗除が出来る体ではないのです。

これに対して、m が 2、3、5、7、……といった素数 p のときは、じつは Z/pZ は加減乗除が出来る体となっています。このことを「多項式」の議論に置きかえるならば、$F[x]$ を有限体 F 係数の多項式の集合、$P(x)$ をその中の既約多項式としたとき、$F[x]/P(x)$ は加減乗除が出来る体となるのです。

◇「ユークリッドの互除法」と「逆元」◇

p を素数とします。つまり、p は 1 と自分自身の p しか正の約数をもちません。問題は、$Z/pZ = \{0, 1, 2, 3, ……, p-1\}$（$p$ で割った余り）から 0 を除いた $(Z/pZ)^* = \{1, 2, 3, ……, p-1\}$ のそ

れぞれの元が、逆元をもつかどうかです。

たとえば $(Z/13Z)^*$ において、（1 の逆元は 1 として）2、3、4……、12 の逆元は何なのでしょうか。

これから、逆元の求め方を見ていきましょう。

まず 13 が素数であるからには（「1 と 13」)、「2 と 13」、「3 と 13」、「4 と 13」、……、「12 と 13」の公約数（共通の正の約数）は、どれも 1 だけです。つまりこれらの最大公約数は 1 です。

その最大公約数は「ユークリッドの互除法」で求まります。このユークリッドの互除法は、長方形を同じ正方形で敷き詰める際の「一番大きな正方形の 1 辺の長さ」の求め方です。

たとえば、「5、13」の最大公約数を求めたいとしましょう。

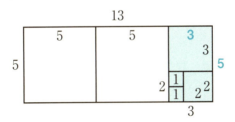

そんな「正方形の一辺の長さのシール」を辺に貼っていくと、「5」も「13」もピッタリ貼れるからには、「13」から「5」を 2 つ除いた「3」もピッタリ貼れます。つまりその正方形で「3、5」の長方形が敷き詰められるのです。こうして順に「3、5」の長方形、「2、3」の長方形、「1、2」の長方形も敷き詰めることになります。ところが「1、2」の長方形を敷き詰める正方形は、1 辺が「1」の正方形だけです。こうして縦横「5、13」の長方形を敷き詰める一番大きな正方形は、1 辺が「1」と求まるのです。「5、

13」の最大公約数は「1」というわけです。

このことを式にすると、次のようになります。

「5、13」　$13 \div 5 = 2$ 余り 3　↔　$13 = 2 \times 5 + 3$　…(A)

「3、5」　$5 \div 3 = 1$ 余り 2　↔　$5 = 1 \times 3 + 2$　…(B)

「2、3」　$3 \div 2 = 1$ 余り 1　↔　$3 = 1 \times 2 + 1$　…(C)

「1、2」　$2 \div 1 = 1$

このユークリッドの互除法を利用して、5 の逆元、つまり□×5 =1 となる□を求めてみましょう。今度は逆に、(C) (B) (A) と戻っていきます。

まず最大公約数「1」が現れた (C) から、次の式が出てきます。

「2、3」　$(-1) \times 2 + 3 = 1$　　　　　　　　…(C')

次に (B) の $5 - 1 \times 3 = 2$ を、これに代入します。

「3、5」　$(-1) \times (5 - 1 \times 3) + 3 = 1$

　　　　　$(-1) \times 5 + 2 \times 3 \qquad = 1$　　　…(B')

さらに (A) の $13 - 2 \times 5 = 3$ を、これに代入します。

「5、13」　$(-1) \times 5 + 2 \times (13 - 2 \times 5) = 1$

　　　　　$(-5) \times 5 + 2 \times 13 \qquad = 1$　　　…(A')

式 (A') を Z／13Z で考えると、次のようになります。ちなみに Z／13Z（13 で割った余り）では「$-5 = 8$」、「$13 = 0$」です。

$$(-5) \times 5 + 2 \times 13 = 1$$

$$\boxed{8} \times 5 = 1$$

これで、「5」が逆元「8」をもつことが分かりました。

同様にして、他もすべて逆元をもつことが分かります。（「1 と

付録 ◆ 有限体

13」)、「2 と 13」、「3 と 13」、「4 と 13」、……、「12 と 13」の最大
公約数も 1 だからです。

　もちろん $p = 13$ だけに限らず、どんな素数 p でも、$Z / pZ = \{0,$
$1, 2, 3, ……, p-1\}$ は加減乗除が出来る体となっています。

　さらには、これは Z / pZ だけの話ではありません。ユーク
リッドの互除法は、「多項式」でも同様にやれるからです。$P(x)$
が有限体 F 係数の既約多項式のとき、$F[x] / P(x)$ は加減乗除が
出来る体となっているのです。

◇「フェルマーの小定理」◇

　まずは例として、$Z / 7Z = \{0, 1, 2, 3, 4, 5, 6\}$（7 で割った余り）
から 0 を除いた、$(Z / 7Z)^* = \{1, 2, 3, 4, 5, 6\}$ を見ていきましょ
う。ちなみに 7 は素数で、$Z / 7Z$ は加減乗除ができる体です。

　まず「1」を「1, 2, 3, 4, 5, 6」にかけても、そのままです。次に
「2」をかけてみます。すると「1×2, 2×2, 3×2, 4×2, 5×2, 6×
2」、つまり「2, 4, 6, 1, 3, 5」（7 で割った余り）となりますが、単
に順序が入れかわっただけですね。

　他も、次のようになっています。

$$\times 1 \quad \rightarrow \quad 「1, 2, 3, 4, 5, 6」$$
$$\times 2 \quad \rightarrow \quad 「2, 4, 6, 1, 3, 5」$$
$$\times 3 \quad \rightarrow \quad 「3, 6, 2, 5, 1, 4」$$
$$\times 4 \quad \rightarrow \quad 「4, 1, 5, 2, 6, 3」$$
$$\times 5 \quad \rightarrow \quad 「5, 3, 1, 6, 4, 2」$$
$$\times 6 \quad \rightarrow \quad 「6, 5, 4, 3, 2, 1」$$

やはり、どれも順序が入れかわっただけです。

このことは $(Z/7Z)^*$ や $(Z/pZ)^*$（p は素数）だけでなく、有限体 F から 0 を除いた F^* でもいえることです。有限体 F の元の個数を q として、0 を除いた $F^* = \{a_1, a_2, \cdots\cdots, a_n\}$（$n = q-1$）とすると、「$a_1, a_2, \cdots\cdots, a_n$」に「$a_i$」をかけた「$a_i a_1, a_i a_2, \cdots\cdots, a_i a_n$」は、じつは順序が入れかわるだけです。「$a_i a_1, a_i a_2, \cdots\cdots, a_i a_n$」はどれも F^* の元ですが、さらに全部異なっているからです。$a_m \neq a_n$ なら $a_i a_m \neq a_i a_n$ なのです。このことは、$a_i a_m = a_i a_n$ の両辺に a_i の逆元 a_i^{-1} をかけると $a_m = a_n$ となることから分かりますね。

さて、「$a_i a_1, a_i a_2, \cdots\cdots, a_i a_n$」は「$a_1, a_2, \cdots\cdots, a_n$」の順序を入れかえただけなので、もちろんこれらの積は同じです。（$n = q-1$）

$$a_i a_1 \times a_i a_2 \times \cdots\cdots \times a_i a_n = a_1 a_2 \cdots\cdots a_n$$

$$a_i^n \times a_1 a_2 \cdots\cdots a_n = a_1 a_2 \cdots\cdots a_n$$

両辺に $a_1 a_2 \cdots\cdots a_n$ の逆元をかけると、$a_i^n = 1$ です。

$$a^{q-1} = 1 \quad (a \text{ は } F^* \text{ の元、つまり } a \neq 0) \quad \cdots\cdots ①$$

$a = 0$ も含めると、次のようになります。

$$a^q = a \quad (a \text{ は } F \text{ の元}) \qquad\qquad \cdots\cdots ②$$

$a^q = a$ ということは $a^q - a = 0$ です。有限体 F の元はすべて、方程式「$x^q - x = 0$」の解となっているのです。

特に $F = Z/pZ$（p は素数）とき、上の①は次の有名な定理として知られています。（$q = p$）

$$a^{p-1} = 1 \quad (a \neq 0) \quad \text{（フェルマーの小定理）}$$

付録 ◆ 有限体

◇「因数定理」と「解の個数」◇

今後も F を、元の個数が q 個の有限体とします。方程式の係数は F の元とし、解は F で探します。

q 次方程式「$x^q - x = 0$」の解の個数は、ちょうど q 個あります。有限体 F の q 個の元が、すべて解だからです。

一般に $f(x)$ を n 次多項式としたとき、n 次方程式「$f(x) = 0$」の解の個数は、ちょうど n 個とは限りません。これまで見てきたように、1 個も解がない既約多項式のこともあるのです。

それでも解の個数について、上限はおさえられます。n 次方程式「$f(x) = 0$」の解の個数は「n 個以下」なのです。

このことは、次の「因数定理」から帰納的に導かれます。

まず 1 つも解がなけれは 0 個で、もちろん n 個以下です。もし 1 つでも解 α があれば、下記の $(n-1)$ 次の「$g(x) = 0$」の解の個数を $(n-1)$ 個以下とすると、「$f(x) = 0$」の解の個数は、解 α の 1 個と「$g(x) = 0$」の $(n-1)$ 個以下とで、（重複して数えても）合わせて $1 + (n-1) = n$ 個以下となってきます。

---- 因数定理 ----

$f(x)$ の次数を n とする。

$$f(\alpha) = 0 \quad \text{ならば} \quad f(x) = (x - \alpha)g(x)$$
$$(g(x) \text{ の次数は } n - 1)$$

この因数定理は、$f(x)$ を 1 次式 $(x - \alpha)$ で割ればすぐに出てきます。次ページでは、商を $g(x)$、余りを γ（0 次式）としています。ちなみに「0 次式」というのは、x を含まない「数」（体の元）

237

のことです。

$$f(x) \div (x-\alpha) = g(x) \text{ 余り } \gamma$$
$$\leftrightarrow f(x) = (x-\alpha)g(x) + \gamma$$

ここで $x = \alpha$ を代入すると、

$$f(\alpha) = (\alpha-\alpha)g(\alpha) + \gamma$$
$$0 = \gamma \quad (f(\alpha) = 0 \text{ より})$$

これで、$f(x) = (x-\alpha)g(x)$ が出てきました。

問題は、$g(x)$ の次数が $(n-1)$ かどうかですね。

でもこれは、$(x-\alpha)g(x)$ を展開したときの、x^n の係数を見れば明らかです。$f(x)$ の x^n の係数と、$g(x)$ の x^{n-1} の係数は、一致しているのです。つまり $g(x)$ の x^{n-1} の係数は 0 ではなく、$g(x)$ の次数は $(n-1)$ なのです。

◇「元の位数」と「生成元」◇

今回も、Z／7Z ＝ {0, 1, 2, 3, 4, 5, 6}（7 で割った余り）から 0 を除いた (Z／7Z)* ＝ {1, 2, 3, 4, 5, 6} で見ていきましょう。

p236 で見たように「$a^6 = 1$」（7 で割った余り）、つまり「$1^6 = 1$」「$2^6 = 64 = 1$」「$3^6 = 729 = 1$」「$4^6 = 4096 = 1$」「$5^6 = 15625 = 1$」「$6^6 = 46656 = 1$」となっています。

どれも「6 乗」したら 1 ですが、次に見るように「6 乗」する前に 1 となることもありますね。

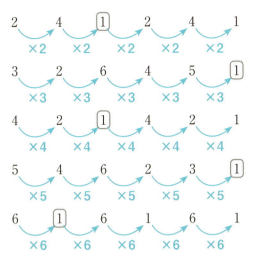

「1」は1乗で、「6」は2乗で、「2」「4」は3乗で1となっています。「$a^n = 1$」となる最小の正の整数nは、元aの「位数」と呼ばれています。「1」の位数は1、「6」の位数は2、「2」「4」の位数は3、「3」「5」の位数は6です。

位数6の「3」「5」では、6乗までに「1、2、3、4、5、6」（順不同）がすべて出てきています。そもそも途中で同じものが出てきたら、つまり$a^\ell = a^m$（$6 \geq \ell > m \geq 1$）となったら、$a^{\ell-m} = 1$（$6 > \ell - m \geq 1$）となって、6が元aの位数であることに反してしまいます。

$(Z/7Z)^* = \{1, 2, 3, 4, 5, 6\}$のどの元も6次方程式「$x^6 - 1 = 0$」つまり「$x^6 = 1$」の解ですが、位数6の$x = 3$、5は特別に「原始根」と呼ばれています。ちなみに「根」というのは、方程式の「解」の古い呼び方です。原始根の「3」「5」は$(Z/7Z)^*$の「生成元」です。何乗かすることで、$(Z/7Z)^*$のすべての元が生成され

239

るのです。（下記は順不同です。）

$$(\mathrm{Z}/7\mathrm{Z})^* = \{1, 2, 3, 4, 5, 6\}$$
$$= \{3^1, 3^2, 3^3, 3^4, 3^5, 3^6\}$$
$$= \{5^1, 5^2, 5^3, 5^4, 5^5, 5^6\}$$

さて、「1」の位数は **1**、「6」の位数は **2**、「2」「4」の位数は **3**、「3」「5」の位数は **6** と、すべて $(\mathrm{Z}/7\mathrm{Z})^*$ の元の個数の **6 の約数**ですね。

このことは不思議でも何でもありません。そもそも、元 a が「$a^m = 1$」となったら、a の位数 n は m の約数です。$m \div n = q$ 余り r $(0 \leqq r < n)$ とすると、$m = qn + r$ から $1 = a^m = a^{qn+r} = (a^n)^q \cdot a^r = a^r$、つまり $1 = a^r$ $(0 \leqq r < n)$ となります。位数の決め方から「$r = 0$」、つまり「$m = qn$」です。a の位数 n は、m の約数なのです。ちなみに $(\mathrm{Z}/7\mathrm{Z})^*$ のどの元 a も「$a^6 = 1$」なので、a の位数は 6 の約数です。

このことは $(\mathrm{Z}/7\mathrm{Z})^*$ や $(\mathrm{Z}/p\mathrm{Z})^*$（$p$ は素数）だけでなく、有限体 F から 0 を除いた F^* でも同様となってきます。

◇ 「生成元」（原始根）の存在 ◇

ラテン方陣や魔円陣を作る際に、有限体 F を用いてきました。その際に、F から 0 を除いた F^* のすべての元を、α^m と表してきました。たった 1 つの元「α」の累乗（べき乗）にしてきたのです。

そもそもすべての有限体 F で、こんなことは可能なのでしょうか。じつは可能なのです。有限体 F から 0 を除いた F^* には、

付録 ◆ 有限体

必ず生成元「α」が存在するのです。

このことを、有限体 Z／61Z（61 は素数）を例にとって見ていきましょう。ここでは実際に (Z／61Z)* の生成元を求めてみますが、存在だけならすべての有限体 F で通用します。「$f(x)$ を n 次多項式としたとき、n 次方程式 $f(x) = 0$ の解の個数は n 個以下」（p237 参照）は、すべての有限体 F でいえるからです。

まず、(Z／61Z)* の元の個数は $61 - 1 = 60 = 2^2 \times 3 \times 5$ です。

ここで多項式 $f(x)$ として、30 次、20 次、12 次の「$x^{30} - 1$」「$x^{20} - 1$」「$x^{12} - 1$」とすると、方程式「$f(x) = 0$」の解はそれぞれ「30 個以下」、「20 個以下」、「12 個以下」です。このため、60 個もある (Z／61Z)* の元の中には、必ずこれらの解でないものが存在します。それぞれ「$f(x) \neq 0$」となる x が存在するのです。

ちなみに 30 次、20 次、12 次というのは、$60 = 2^2 \times 3 \times 5$ において、2 の指数、3 の指数、5 の指数をそれぞれ 1 だけ減らしたものです。$2 \times 3 \times 5 = 30$、$2^2 \times 5 = 20$、$2^2 \times 3 = 12$ です。

存在が保証された「$x^{30} - 1 \neq 0$」「$x^{20} - 1 \neq 0$」「$x^{12} - 1 \neq 0$」である x を、それぞれ a、b、c として話を進めてもよいのですが、ここでは具体的に求めてみましょう。ここで a、b、c は重複してもかまいませんが、混同を避けるために、以下ではあえて異なる数を選んでいます。（じつは $2^{30} = -1$ より「2」は生成元です。）

それでは、Z／61Z（61 で割った余り）で見ていきます。

$x^{30} - 1 \neq 0$ である x として、$x = 2$ （$2^{30} = 60 = -1$）

$x^{20} - 1 \neq 0$ である x として、$x = 4$ （$4^{20} = 13$）

$x^{12} - 1 \neq 0$ である x として、$x = 3$ （$3^{12} = 9$）

「$2^{30} \neq 1$」「$4^{20} \neq 1$」「$3^{12} \neq 1$」です。

ここで「2^{30}」ではなく、「2^{15}」（15乗）の位数を見てみます。15乗というのは、$60 = 2^2 \times 3 \times 5$ の2の指数を0としたものです。$3 \times 5 = 15$ です。

ちなみに「4^{20}」、「3^{12}」の20乗、12乗は、それぞれ $2^2 \times 5 = 20$、$2^2 \times 3 = 12$ と、3の指数や5の指数が0なので、このままです。

まず、「$2^{60} = 1$」「$4^{60} = 1$」「$3^{60} = 1$」です。（p236参照）

さて、「$a^m = 1$」となったら、a の位数 n は m の約数でした。（p240参照）このため、たとえば4乗して1なのに、2乗して1でないなら、その元の位数は4と分かります。$a^2 \neq 1$、$a^4 = 1$ なら a の位数は4なのです。

それでは、「2^{15}」「4^{20}」「3^{12}」の位数を見ていきましょう。

まず、「$2^{30} \neq 1$」「$4^{20} \neq 1$」「$3^{12} \neq 1$」でした。

$(2^{15})^2 = 2^{30} \neq 1$、$(2^{15})^4 = 2^{60} = 1$ なので、「2^{15}」の位数は4

$(4^{20})^1 \neq 1$、　　　$(4^{20})^3 = 2^{60} = 1$ なので、「4^{20}」の位数は3

$(3^{12})^1 \neq 1$、　　　$(3^{12})^5 = 3^{60} = 1$ なので、「3^{12}」の位数は5

ここで「2^{15}」「4^{20}」「3^{12}」をかけた「$2^{15} \times 4^{20} \times 3^{12}$」の位数を見てみます。以下で「$a^m \neq 1$」といえるのは、もし「$a^m = 1$」なら a の位数は m の約数となってしまうからです。

$(2^{15} \times 4^{20} \times 3^{12})^{2 \times 3 \times 5} = (2^{15})^{2 \times 3 \times 5} \neq 1$ （「2^{15}」の位数は $4 = 2^2$ より）

$(2^{15} \times 4^{20} \times 3^{12})^{2^2 \times 5} = (4^{20})^{2^2 \times 5} \neq 1$ 　（「4^{20}」の位数は3より）

$(2^{15} \times 4^{20} \times 3^{12})^{2^2 \times 3} = (3^{12})^{2^2 \times 3} \neq 1$ 　（「3^{12}」の位数は5より）

結局のところ、「$2^{15} \times 4^{20} \times 3^{12}$」の位数は、「$2 \times 3 \times 5$」、「$2^2 \times 5$」、「$2^2 \times 3$」のいずれの約数でもありません。

付録 ◆ 有限体

　もちろん「$2^{15} \times 4^{20} \times 3^{12}$」の位数は、「$2^2 \times 3 \times 5$」（＝60）の約数です。ところが $60 = 2^2 \times 3 \times 5$ の約数は、60 を除くと、「$2 \times 3 \times 5$」、「$2^2 \times 5$」、「$2^2 \times 3$」のいずれかの約数です。こうなると、残された可能性は 60 しかありません。「$2^{15} \times 4^{20} \times 3^{12}$」の位数は 60 です。この「$2^{15} \times 4^{20} \times 3^{12}$」は、$(Z／61Z)^*$ の生成元なのです。

　ここで、「$2^{15} \times 4^{20} \times 3^{12}$」$= 11 \times 13 \times 9 = 6$（61 で割った余り）です。「6」が $(Z／61Z)^*$ の生成元の 1 つ求まりました。

　同様に考えれば、有限体 F から 0 を除いた F^* には、必ず生成元が存在することが分かります。

◇ 他の「生成元」(原始根) ◇

$(Z／61Z)^*$ の生成元「6」の累乗（べき乗）（61 で割った余り）は、次の通りです。ここで（青字の）1 は、6^1 の 1 乗です。1 から 60 までの数が、確かに全部現れていますね。

1	2	3	4	5	6	7	8	9	10
[6]	36	33	15	29	52	[7]	42	8	48
11	12	13	14	15	16	17	18	19	20
[44]	20	[59]	49	50	56	[31]	3	[18]	47
21	22	23	24	25	26	27	28	29	30
38	45	[26]	34	21	4	24	22	[10]	60
31	32	33	34	35	36	37	38	39	40
[55]	25	28	46	32	9	[54]	19	53	13
41	42	43	44	45	46	47	48	49	50
[17]	41	[2]	12	11	5	[30]	58	[43]	14
51	52	53	54	55	56	57	58	59	60
23	16	[35]	27	40	57	37	39	[51]	1

上の表で、□で囲んだ16個の数は、いずれも $(Z／61Z)^*$ の生成元です。（青字の）指数を見てみると、どれも $60 = 2^2 \times 3 \times 5$ と「互いに素」ですね。つまり、その指数と60の最大公約数は1です。生成元は1つだけ見つければ、（以下のことから）残りはすぐに見つかるということです。

指数と60が「互いに素」でなければ、生成元とはなりません。

たとえば「3」$= 6^{18}$（18の下は3）ですが、$18 = 2 \times 3^2$ と $60 = 2^2 \times 3 \times 5$ の最大公約数は 2×3 です。このとき $3 = 6^{18}$ は、$2^2 \times 3 \times 5$ を 2×3 で割った 2×5 乗の段階で、1となってしまうのです。

$$3^{2 \times 5} = (6^{18})^{2 \times 5} = 6^{18 \times 2 \times 5} = 6^{2 \times 3^2 \times 2 \times 5} = 6^{60 \times 3} = (6^{60})^3 = 1$$

指数と60が「互いに素」のときは、生成元となります。

たとえば「7」$= 6^7$（7の下は7）で、指数の7と $60 = 2^2 \times 3 \times 5$ は互いに素です。「7」の位数を m とすると、$1 = 7^m = (6^7)^m = 6^{7m}$ となっています。$6^{7m} = 1$ ということは、生成元「6」の位数60は $7m$ の約数です。（p240参照）しかも60と7は互いに素なので、60は m の約数です。一方 $(Z／61Z)^*$ の元の位数はどれも60の約数なので、もちろん「7」の位数 m も60の約数です。「60は m の約数」で、「m も60の約数」となると、$m = 60$ です。つまり「7」の位数は60で、生成元ということになります。これは「7」に限ったことではなく、指数と60が互いに素のときは、同様にして生成元であることが分かります。

◇ **有限体の標数** ◇

有限体 F には、じつは体 $Z／pZ$（p は素数）と（本質的に）同

付録 • 有限体

じ部分体が含まれています。これから、このことを見ていきま
しょう。

まず F の元 α、β について、「$\alpha\beta = 0$ ならば $\alpha = 0$ または $\beta = 0$」
です。もし $\alpha \neq 0$ なら、$\alpha\beta = 0$ の両辺に α の逆元をかけると、$\beta = 0$ となるからです。

それでは F の元「1」（$\alpha \times 1 = \alpha$ となる 1）をどんどん加えてい
きましょう。

$$1、1+1、1+1+1、\cdots\cdots$$

体 F が有限体であるからには、いつまでも異なった元が出て
くる心配はありません。いつかは同じ元が出てきます。

$$\overbrace{1+1+1+\cdots\cdots+1}^{n\ 個}=\overbrace{1+1+\cdots\cdots+1}^{m\ 個}\quad(n>m>0)$$

この両辺に (-1)（$1+(-1)=0$ となる (-1)）を m 個たします。

$$\overbrace{1+1+1+\cdots\cdots+1}^{(n-m)\ 個}=0$$

そこで $\overbrace{1+1+1+\cdots\cdots+1}^{n\ 個}=0$ となる、最小の正の整数を $n(>1)$
とします。すると n は素数です。もし n が合成数なら、$n=ab$
（a、b は正の整数、$1<a\leq b<n$）とおくと、

$$\overbrace{1+1+1+\cdots\cdots\cdots\cdots+1}^{ab\ 個}=0$$

$$\overbrace{(1+1+\cdots\cdots+1)}^{a\ 個}\times\overbrace{(1+1+\cdots\cdots+1)}^{b\ 個}=0$$

245

$$\overbrace{(1+1+\cdots\cdots+1)}^{a\ 個}=0 \quad または \quad \overbrace{(1+1+\cdots\cdots+1)}^{b\ 個}=0$$

でも、こんなことはありえませんね。n は、$1+1+1+\cdots\cdots+1$ $=0$ となる最小の正の整数だったのです。

結局のところ、$n(>1)$ は合成数ではなく素数です。この「素数 p」は有限体 F の標数と呼ばれています。($1 \leftrightarrow 1$、$1+1 \leftrightarrow 2$、$1+1+1 \leftrightarrow 3$、$\cdots\cdots$ を同一視すれば）有限体 F は、部分体 $Z \diagup pZ$（p は標数）を含んでいるのです。

◇ **有限体の元の個数** ◇

有限体 F の元の個数 q は、じつは標数 p の累乗（べき乗）「p^n」となっています。これから、このことを見ていきましょう。

まず有限体 F から 0 を除いた F^* には、必ず生成元 α が存在します。（p240 参照）そこでこの生成元 α と、部分体 $Z \diagup pZ$ の元からなる「$a_0+a_1\alpha$」（a_0、a_1 は $Z \diagup pZ$ の元）を見てみます。もしこれらの中に同じものがあったら、有限体 F は $Z \diagup pZ$ と一致します。$a_0+a_1\alpha=a'_0+a'_1\alpha$ なら、$\alpha=-\dfrac{a_0-a'_0}{a_1-a'_1}$ は体 $Z \diagup pZ$ の元となり、α から生成される F^* の元は（0 を含めた F の元も）、すべて（同一視した）$Z \diagup pZ$ の元となっているからです。

では、「$a_0+a_1\alpha$」がすべて異なっていたらどうでしょうか。この時は、さらに次を見てみることにします。

$$「a_0+a_1\alpha+a_2\alpha^2」（a_0、a_1、a_2 は Z \diagup pZ の元）$$

もしこれらの中に同じものがあったら、ここで終了します。な

付録 ◆ 有限体

かったら、さらに続けます。

「$a_0 + a_1\alpha + a_2\alpha^2 + a_3\alpha^3$」（$a_0$、$a_1$、$a_2$、$a_3$ は $Z／pZ$ の元）

こうしてどんどん続けていきますが、体 F が有限体であるからには、いつかは必ず終了します。同じものが出てくるのです。

以下では、$n \geqq m$、$a_n \neq 0$、$b_m \neq 0$、$i > m$ のとき $b_i = 0$（$m < i \leqq n$）とします。

$$a_0 + a_1\alpha + \cdots\cdots + a_n\alpha^n = b_0 + b_1\alpha + \cdots\cdots + b_m\alpha^m$$

$$(a_0 - b_0) + (a_1 - b_1)\alpha + \cdots\cdots + (a_n - b_n)\alpha^n = 0$$

そこで $a_0 + a_1\alpha + \cdots\cdots + a_n\alpha^n = 0$ となる、最小次数の多項式を「$a_0 + a_1 x + \cdots\cdots + a_n x^n$」（$a_n \neq 0$）とします。ここでさらに、$x^n$ の係数 a_n は 1 とします。$a_0 + a_1\alpha + \cdots\cdots + a_n\alpha^n = 0$ の両辺に（$a_n \neq 0$ より）a_n^{-1} をかけるのです。

こうして求まった多項式「$a_0 + a_1 x + \cdots\cdots + a_{n-1} x^{n-1} + x^n$」は、じつは既約多項式です。もし因数分解されたら、α がより小さい次数の方程式の解となってしまうからです。

$$a_0 + a_1\alpha + \cdots\cdots + a_{n-1}\alpha^{n-1} + \alpha^n = 0$$

$$\rightarrow \quad \alpha^n = -a_0 - a_1\alpha - \cdots\cdots - a_{n-1}\alpha^{n-1}$$

$-a_i$ を改めて a_i と置くと、「$\alpha^n = a_0 + a_1\alpha + \cdots\cdots + a_{n-1}\alpha^{n-1}$」です。$\alpha$ は生成元としたので F^* の元はどれも α^i と表されますが、α^n となった段階で $a_0 + a_1\alpha + \cdots\cdots + a_{n-1}\alpha^{n-1}$ に置きかえると、F^* の元は（0 を含めた F の元も）、すべて「$b_0 + b_1\alpha + \cdots\cdots + b_{n-1}\alpha^{n-1}$」（$b_i$ は $Z／pZ$ の元）と表されます。

さて、「$b_0 + b_1\alpha + \cdots\cdots + b_{n-1}\alpha^{n-1}$」の中に同じものがある可能性はあるのでしょうか。じつは、そんな可能性はありません。もし $b_0 + b_1\alpha + \cdots\cdots + b_{n-1}\alpha^{n-1} = c_0 + c_1\alpha + \cdots\cdots + c_{n-1}\alpha^{n-1}$ なら、$(b_0 - c_0) + (b_1 - c_1)\alpha + \cdots\cdots + (b_{n-1} - c_{n-1})\alpha^{n-1} = 0$ となり、α がより小さい次数の方程式の解となってしまうからです。

有限体 F の元は、どれも一意的に「$b_0 + b_1\alpha + \cdots\cdots + b_{n-1}\alpha^{n-1}$」（$b_i$ は Z / pZ の元）と表されるのです。その元の個数 q は、$q = p \times p \times \cdots\cdots \times p = p^n$ と、標数 p の累乗（べき乗）「p^n」となっているのです。

$$\lceil b_0 + b_1\alpha + \cdots\cdots + b_{n-1}\alpha^{n-1} \rfloor \quad \leftrightarrow \quad (b_0, b_1, \cdots\cdots, b_{n-1})$$

ここでは、（存在が保証された）F^* の生成元 α を用いて議論を進めてきました。でも、先に生成元が分かっている必要はありません。元の個数が「p^n」の有限体 F を作りたい場合は、Z / pZ の元を係数とする n 次の既約多項式 $f(x)$（最大次数の係数 1）を見つけ、「$f(x) = 0$」の解 β を添加すればよいのです。F の元は「$b_0 + b_1\beta + \cdots\cdots + b_{n-1}\beta^{n-1}$」（$b_i$ は Z / pZ の元）となります。ただしこのときの β は、必ずしも F^* の生成元になるとは限りません。

たとえば、有限体 F_{27} を作る際に、「$x^3 + 2x + 1 = 0$」の解を「α」としました。（p161 参照）運よく（むしろ意図的に）α は F_{27}^* の生成元でした。でも、もし 3 次の多項式「$x^3 + 2x + 2$」を選んで、「$x^3 + 2x + 2 = 0$」の解を「β」としていたら、じつは β は F_{27}^* の生成元とはなっていないのです。ちなみに「$x^3 + 2x + 2$」は 3 次の

付録 ◆ 有限体

既約多項式です。（p160、p161 参照）

このことを見ていく前に、「$x^3 + 2x + 2 = 0$」の出所の「種明かし」をしておきましょう。

まず「$\alpha^{13} = 2$」です。（p162 参照）そこで「$\beta = 2\alpha$」として、β を解とする方程式を見つけるのです。「$\alpha^3 + 2\alpha + 1 = 0$」の両辺に 8 をかけると「$(2\alpha)^3 + 8(2\alpha) + 8 = 0$」より、$\beta$ は「$x^3 + 2x + 2 = 0$」（Z／3Z では「$8 = 2$」）の解です。

それではこの「$\beta = 2\alpha$」が、$F_{27}{}^*$ の生成元とはなっていないことを確認していきましょう。

有限体 F_{27} の元が「$a + b\alpha + c\alpha^2$」（a、b、c は Z／3Z の元）と表されるからには、もちろん「$a + b\beta + c\beta^2$」（a、b、c は Z／3Z の元）とも表されます。「$\beta = 2\alpha$」の両辺に 2 をかければ「$\alpha = 2\beta$」だからです。（Z／3Z では「$4 = 1$」）

有限体 F_{27} を作るには、「$x^3 + 2x + 2 = 0$」の解 β を用いてもよかったということです。でも「$\alpha^{13} = 2$」の両辺に「$2^{13} = 2$」（Z／3Z では「$2^2 = 1$」より「$2^{13} = (2^2)^6 \cdot 2 = 2$」）をかけると、「$(2\alpha)^{13} = 4$（$= 1$）」つまり「$\beta^{13} = 1$」となります。これでは $F_{27}{}^*$ の 26 個の元は生成されません。つまり β は $F_{27}{}^*$ の生成元ではないのです。

有限体 F_{27} を作るだけなら、左辺が 3 次の既約多項式である「$x^3 + 2x + 2 = 0$」の解「β」を添加してもよかったのです。有限体 F_{27} の元が「$a + b\beta + c\beta^2$」（a、b、c は Z／3Z の元）と一意的に表されることに、何ら変わりありません。もちろん元の個数も $3 \times 3 \times 3 = 27$ です。ただ魔円陣を作るには、（β は $F_{27}{}^*$ の生成元ではないため）適さなかったというだけの話です。

249

（生成元であるか否かは別問題として）有限体 F の元の個数 q は、標数 p の累乗（べき乗）「p^n」です。つまり、元の個数が「p^n」（p は素数）でないような体、つまり加減乗除が出来る有限体を作ろうとしても、それは無理な話だということです。

◇ 「$P(x)=0$」の解 ◇

大きさ 6 の魔円陣を求めるとき、有限体 F_{125} を作りました。Z／5Z 係数の 3 次の既約多項式「x^3+4x+3」を選び、「$x^3+4x+3=0$」の解「α」を添加したのです。（p172 参照）

他の魔円陣を求める際には、α を別の β（$\beta=\alpha^2$、α^3、……、α^{30}）に取りかえましたね。もっとも「α、α^5、α^{25}」では、同一の魔円陣となりました。

じつは同一の魔円陣が出てくる「α、α^5、α^{25}」は、α と同じく 3 次方程式「$x^3+4x+3=0$」の解なのです。「$x^3+4x+3=0$」の（3 個以下の）解はキッチリ 3 個あって、それは $x=\alpha$、α^5、α^{25} なのです。このことは「$\alpha^3+4\alpha+3=0$」の両辺を 5 乗してみれば分かります。まず「$(a+b)^5=a^5+b^5$」（p155 参照）から「$(a+b+c)^5=(a+b)^5+c^5=a^5+b^5+c^5$」です。これを用いると、「$\alpha^3+4\alpha+3=0$」の両辺を 5 乗すれば、「$(\alpha^3)^5+4^5(\alpha)^5+3^5=0$」となり、Z／5Z では「$4^5=4$」「$3^5=3$」（p236 参照）から「$(\alpha^5)^3+4(\alpha^5)+3=0$」となります。さらに 5 乗すれば「$(\alpha^{25})^3+4(\alpha^{25})+3=0$」となるのです。ちなみに、さらに 5 乗しても $\alpha^{125}=\alpha^{124}\alpha=\alpha$ です。そもそも「$x^3+4x+3=0$」の解は 3 個以下でしたね。（p237 参照）

付録 ● 有限体

ここで α が $F_{125}{}^*$ の生成元であることは、何ら関係ありません。別の 3 次の既約多項式 $P(x)$ において、「$P(x)=0$」の解を「β」としたときも同様です。「β、β^5、β^{25}」は、β と同じ「$P(x)=0$」の解なのです。

一般に p を素数としたとき、有限体 F_p（$=Z/pZ$）を係数とする「n 次」の既約多項式 $P(x)$ において、「$P(x)=0$」の解を「β」としたとき、β を添加した体 $F_q(q=p^n)$ での「$P(x)=0$」の解はキッチリ「n 個」あって、それは $x=$「β、β^p、β^{p^2}、……、$\beta^{p^{n-1}}$」であることが（以下のようにして）分かります。

まず、$x=$「β、β^p、β^{p^2}、……、$\beta^{p^{n-1}}$」は、どれも「$P(x)=0$」の解です。このことは「$P(\beta)=0$」の両辺を p 乗していけば分かります。

気になるのは、これらが異なっているかどうかですね。心配いりません。「x^q-x」（$q=p^n$）（p237 参照）を $P(x)$ で割れば分かることです。商を $Q(x)$、余りを $R(x)$ とすると、$x^q-x=P(x)Q(x)+R(x)$ です。$x=\beta$ を代入すると $R(\beta)=0$ です。もし $R(x)\neq0$ なら、（$P(x)$ より次数が小さい）$R(x)$ は、$F_p[x]/P(x)$ で逆元 $R'(x)$ をもちます。「$R(x)R'(x)=a+$（$P(x)$ の倍式）」（$a\neq0$ は F_p の元）で、これに $x=\beta$ を代入すると「$0=a$」となってしまうのです。結局 $R(x)=0$ で、$x^q-x=P(x)Q(x)$ です。

ところが「$x^q-x=0$」つまり「$P(x)Q(x)=0$」の解は、有限体 F_q の q 個の元で、すべて異なっているのです。これでは「$P(x)=0$」が重解をもつはずがありませんよね。

251

索引

■ 英字・数字・記号

Fano 平面　143

LUX 法　47, 50

n 進法（3 __, 4 __, …）　31, 35, 37, 39, 43, 45

RSA 暗号　230

$GF(q)$　18, 106

$\phi(m)$　193, 223

Z／pZ（Z／2Z, Z／3Z, …）　97, 100, 104, 170, 229, 235, 241, 244

$F_p[x]$　229

$F_p[x]／P(x)$　229

F_q　18, 20, 106, 139

F_2　18, 97

F_3　19, 100

F_4　106, 186

F_5　170

F_8　118, 147

F_{27}　160

F_{64}　186

F_{125}　170, 174

■ あ行

因数定理　237

位数　239, 240

オイラー関数　193

オイラーの 36 士官問題　74

オイラー方陣　71, 75, 78, 80, 84

■ か行

ガウスの時計算　16

ガウス平面　147

拡大体　106, 118

ガリオール　27, 55, 116

カジュラホ　27, 55, 116

可約多項式　107

ガロア（Évariste Galois）　10, 105, 195, 229

ガロアの体（Galois field）　18, 106

完全直交系　87

完全方陣　55

既約多項式　107, 118, 160, 170,

索引

187, 232, 251

逆元　19, 232, 234

虚数　106

ギリシア・ラテン方陣　74

原始根　162, 173, 187, 220, 239

合成数　66, 192, 232

公倍数（最小＿）　65

公約数（最大＿）　65, 233, 235

コンウェイ（John Horton
　Conway）　47

■ さ行

射影平面　141, 163, 174, 189, 220

素数　17, 192

実数体　18

シュリクハンド（S.S.Shrikhande）
　75

正規化　59

生成元　162, 173, 187, 220, 239

関孝和　28

■ た行

体　18, 232

互いに素　65, 192, 223

タリー（G.Tarry）　75

楕円曲線暗号　230

直交する　71, 72, 86

デューラーの銅版画　27, 116

■ は行

パーカー（E.T.Parker）　75

バシェー方式　33

ビルディング　151, 165, 175,
　191

標数　246

フェルマーの小定理　230, 236

複素数（＿体）　107, 146

複素平面　147

符号（＿理論）　230

ボーズ（R.C.Bose）　75

■ ま行

魔円陣（magic circle）　12, 136,
　159, 169, 185, 194, 196, 227,
　228

魔方陣（magic square）　25, 30,
　35, 37, 40, 46, 52, 115, 134

無限遠点　141

253

無限遠直線　141, 142

有理数体　18

■ や行

ユークリッドの互除法　233

有限幾何　22, 96

有限体　18, 220

■ ら行

洛書　26, 35, 56

ラテン方陣　58, 66, 88, 112,
　122 〜 131

参考文献

◇ 書籍 ◇

○魔方陣

[1] 『魔方陣の世界』（日本評論社）
大森 清美（著）

[2] 『数学セミナー　2010年12月号』（日本評論社）
「賞金の懸かった魔方陣　白川俊博さんにきく」
（p38 ～ p41）

○ラテン方陣・オイラー方陣

[3] 『幾何の魔術［第3版］』（日本評論社）
佐藤 肇（著）　一樂 重雄（著）

[4] 『「数独」を数学する』（青土社）
ジェイソン・ローゼンハウス（著）ローラ・タールマン（著）
小野木 明恵（訳）

○魔円陣

[5] 『数学セミナー　2013年7月号』（日本評論社）
「魔円陣と有限幾何」（p25 ～ p31）
秋山 茂樹（著）
（注：上記はネット上で公開されています）

◇ Web サイト ◇

○魔方陣の「LUX 法」

[6]　フリー百科事典『ウィキペディア（Wikipedia)』
「魔方陣」の項目

数学への招待シリーズ

ガロアの数学「体」入門

～魔円陣とオイラー方陣を例に～

2018年6月9日　初版　第1刷発行

著　者　小林 吹代

発行者　片岡 巌

発行所　株式会社技術評論社
　　　　東京都新宿区市谷左内町21-13
　　　　電話　03-3513-6150　販売促進部
　　　　　　　03-3267-2270　書籍編集部

印刷・製本　昭和情報プロセス株式会社

装　丁　中村 友和（ROVARIS）
本文デザイン，DTP　株式会社RUHIA

本書の一部，または全部を著作権法の定める範囲を超え，無断で複写，複製，転載，テープ化，ファイルに落とすことを禁じます。
©2018 小林 吹代

造本には細心の注意を払っておりますが，万が一，乱丁（ページの乱れ）や落丁（ページの抜け）がございましたら，小社販売促進部までお送りください。送料小社負担にてお取り替えいたします。

定価はカバーに表示してあります。
ISBN978-4-7741-9748-7　C3041
Printed in Japan

本書に関する最新情報は，技術評論社ホームページ（http://gihyo.jp/）をご覧ください。
本書へのご意見，ご感想は，以下の宛先へ書面にてお受けしております。電話でのお問い合わせにはお答えいたしかねますので，あらかじめご了承ください。
〒162-0846
東京都新宿区市谷左内町21-13
株式会社技術評論社 書籍編集部
『ガロアの数学「体」入門』係
FAX：03-3267-2271